大旗出版
BANNER PUBLISHING

大旗出版
BANNER PUBLISHING

海魂

從鄭和的大航海時代到東瀛崛起

19世紀，天津。清軍水師閱兵

面對前所未有的危機，即便是慈禧太后也並非是一味的因循守舊。這是在頤和園使用的蒸汽輪船永和號，這艘現存中國最古老的輪船，成了當時中國試圖接受西方精神的象徵符號。

1902 年，上海的中國
炮艇——用老式水師
帆船加裝火炮的古怪
軍艦。

日本間諜在甲午戰爭前，拍攝
的北洋水師旅順基地內港。

甲午戰爭前，中國南北洋水師
大會操演。

清末重建海軍，日本川崎廠為清廷建造的楚字號炮艦，它們
的裝備火力雖然在列強中不值一提，但恰好在長江上比其他
國家的炮艦略勝一籌，清軍的思維邏輯可見一斑。

1904年日俄戰爭期間，清廷海天號巡洋艦失事。這艘是當時
清廷最大的軍艦，由於夜間違規高速行駛，在鼎星島觸礁擱
淺，於後更花費了一年多的時間打撈，是清軍莫大的損失。

序言

歷史不容遺忘……

中國近代史，是一個五千年文明古國的百年屈辱與痛苦，這是同樣源自中華文化的民族體系，所不能抹滅的共同記憶。

只是，隨著本土意識的覺醒以及對民族主義的保守傾向，我們所學習到的往往都只是最簡單的歷史剪影——某年某月某日，在歷史上的某處，曾經發生過某件事。例如：1894年，發生了中日甲午戰爭，大清帝國和大日本帝國為了爭奪朝鮮半島控制權而在黃海交鋒，此戰中，北洋海軍全軍覆沒，清廷被迫簽下《馬關條約》，割讓台灣、賠款2億兩白銀——僅此而已，我們在記憶中的歷史，它只是最基本的歷史事實，一份年表記錄而已。

但真正歷史的背後，故事往往比杜撰出來小說還要精采：北洋大臣李鴻章，在中日甲午戰敗後，受派為全權大臣赴日談判。結果這位外交大臣卻被日本民族主義者小山六之助襲擊，遭子彈擊中左眼下顴骨。受了重傷的李鴻章仍然忍辱負重的持續談判的工作，並試圖在談判中喚醒中日近千年來的歷史情誼。但伊藤博文卻只說了：「你說的都是廢話」。在冷漠的日本帝國主義精神下，李鴻章重傷後僅僅21天內，即被迫在春帆樓簽訂了對大清帝國頗為嚴苛的不平等條約——《馬關條約》。

《馬關條約》簽訂後，李鴻章恥於日本的冷血行徑，因而發誓從此將終生不踏上日本國土半步。2年後，當李鴻章遊歷歐洲後返國途中，不得不經過日本橫濱轉乘船隻。即便如此，李鴻章也不願望向日本海

岸一眼，不願用日本的小船擺渡換乘。最後隨從只好在換乘的兩艘船隻中搭上木板，背著這位 75 歲高齡卻仍擇善固執的老先生，顛顛簸簸的在波浪搖曳中凌海而過，實現了李鴻章不履日土一步的誓言。

歷史的背後，是活生生的故事，如果只是看著年表記誦事實，斷不會知道不平等條約下的辛酸苦楚；更無法理解像李鴻章這樣一生追求中庸之道的儒學之士，為何會立下如此極端的誓言。甲午戰敗、北洋海軍全滅，固然是大清帝國的恥辱以及天朝淪落的難堪，但對於日本的惱恨，更是基於其弒父反母的卑劣行徑；中華文化是日本文明的基石與文化的母體，只有深入瞭解中日間近千年的文化交流史，才能理解李鴻章，甚至是當時清人對日本的仇視心理；也才能真正理解近代中國史中，華人內心深處對日本那種愛恨交雜的複雜情感。

所以，我們或許可以得出這樣的結論——歷史的細節不容忽視——在課堂上我們學習到的，不是故事、更不是歷史，只是一段文字的記述，一個事件曾經發生過的表框。在這框框裡面，還有更多的細節等著我們去挖掘，唯有等你找出了這些真相、這些故事，你才能深深的體悟到歷史的文化面與感情面，才能讓文明的輝煌與痛苦真正具體的呈現。

1861 年，法國偉大的浪漫文豪——雨果，即便他深愛著自己的祖國，但當他得知英法聯軍將「萬園之園－圓明園」付之一炬時，也忍不住痛心的破口大罵這是「兩個強盜的勝利」，將那些戰利品斥為「贓物」。這位法國的文學領袖憤怒地呼籲：「我渴望有朝一日法國能夠擺脫重負，洗清罪責，把這些財富還給被劫的中國人。」

透過雨果的痛，或許我們才能明白中國近代史的痛苦，並不僅僅是因為緣於相同的中華文化，也不僅僅是因為與我們相近的血脈受到

了傷害。

　　痛苦，是因為人類文明的準則，遭到帝國主義者無情的踐踏；痛苦，是因為人類憑依的法律和秩序，都被戰火與利益的大旗所吞沒；痛苦，是因為人性的尊嚴光輝，都被獸性的野蠻與無恥侮辱。所以這種痛苦並不獨屬於中華民族，也屬於雨果這位法國的良心，更是屬於全人類共同的人性苦痛。

　　為了紀念這種全人類的痛楚，於是，我們呈上這些文字。

目 錄

第 一 章

鄭和的大航海時代

西元 1405 年至 1433 年，在波濤洶湧的南海和遼闊浩瀚的印度洋
上，一支龐大的明朝帆槳艦隊連綿百里，28 年間 7 次劈波斬浪遠
航上萬海里，最遠曾至非洲的東海岸紅海、麥加，並很可能到達過
澳洲。許多學者甚至認為還曾到達過美洲，給當時的南海和印度
洋、非洲沿岸 30 多個國家帶來了友誼和文明。在 600 年前，這支
明朝艦隊在印度洋上就一次剿滅過 5000 名海盜，甚至登陸搗毀了
海盜老巢。這支艦隊的統帥是歷史上和太史公司馬遷一樣偉大的男
人——雖然他們兩人都被迫失去了男子的性徵——但他們一生的所
作所為，卻證明了他們是最強大的男人。這位被許多海洋史專家稱
為「世界海洋第一人」的偉大海上統帥，就是至今被南洋人民尊稱
為「三寶太監」的著名航海家鄭和。他的航海生涯就是中華歷史上
傳奇性的「鄭和七下西洋」。

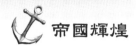 帝國輝煌

當時，鄭和所率的明朝艦隊每次出航船隻均在 400 餘艘左右，船隊按其船舶的大小和作用大致可分為 5 個等級：寶船、馬船、運輸船（糧船與水船）、座船、戰船。鄭和船隊中最大的寶船長 44 丈 4 尺，寬 18 丈，是當時世界上最大的海船，折合現今長度為 125.65 公尺，寬50.94 公尺。船分 4 層，船上 9 槍 12 帆，錨重數斤，要 200 名壯漢一起用力才能起航！這種在 15 世紀初即可容千名水手和乘員的寶船是人類農業文明時代航海技術的巔峰之作，它的工藝之複雜精巧，以至於今人聚集大批技術專家和科學家仍無法完全複製。據船舶專家估算，這種寶船排水量至少在 2000 噸以上，甚至很可能高達 5000 噸，載重量至少在 1000 噸以上。即便在今天的中國大陸，海軍所擁有的 70 餘艘主力驅護艦群中，超過 5000 噸排水量的也不過 9 艘，而這種龐大的寶船，鄭和船隊則擁有 30 艘以上！這 30 多艘寶船相當於鄭和艦隊的主力艦，作用和炮艦時代的戰艦，今天航母編隊的航母一樣。

除寶船之外，這支縱橫大海 28 年的中國艦隊，還擁有大批 37 丈長的馬船駄載騎兵戰馬，28 丈長的糧船供應艦隊補給，24 丈長的座船運載登陸步兵，18 丈長的戰船專職海上作戰。

馬船又名馬快船，是明初的大型快速水戰與運輸兼用船，在鄭和船中擔任綜合補給任務，相當於今天的兩棲登陸艦。它有 8 槍，長 37丈，寬 15 丈，主要用於運送戰馬、武器裝備以及其他軍需和生活用品，裝備有一定數量的火炮、火銃，也能用於作戰。

戰船的種類繁多，是船隊中的護航兵力，相當於今天的驅逐艦和護衛艦。它有 5 槍，長 18 丈，寬 6 丈 8 尺，船噸位小，機動靈活，配

有火器、火銃、噴筒等武器,主要用於水面機動作戰,保障整個船隊航行安全。

座船相當於今天的兩棲運輸艦,共有 6 桅,長 24 丈,寬 9 丈 4 尺,同樣配有火器、火銃、噴筒等武器,是一些將領乘坐的海船和八櫓船,主要用於船隊護航和執行兩棲作戰。

運輸船相當於今天的兩棲補給艦,又分糧船與水船,糧船有 7 桅,長 28 丈,寬 12 丈。載重約 1200 噸,是整個船隊的補給供給船,主要用於裝載糧食、副食品;水船,與糧船的構造大致相同,是專業運水的船隻。鄭和船隊裝備的運輸船,至少 35 艘以上。(鄭和船隊有 27000 人,按 2 年的時間計算,至少需要 15 艘運糧船。以人均每天需 2 千克淡水計算,至少要配備 20 艘以上的水船。)不少航海史學專家認為,在船隊中配置專用水船,是鄭和航海和明代制船的一項了不起的創舉。鄭和的船隊,就是在海上航行一年,也不用登陸補給,其強大的遠洋作戰能力,在那時世界上沒有任何一個國家能具有。當時就是把波斯與歐洲所有的大型船隻加起來,也達不到鄭和船隊這樣的規模與遠洋航海能力。就是一百年後的「大航海時代」以及 15、16 世紀的西方船隊,與鄭和船隊相比都顯得十分渺小。

鄭和船隊總人數大約在 27000 人至 40000 人左右。即使它的最低出航人員數 27000 人,也相當於今天 5 艘美國海軍最強大的 10 萬噸級「尼米茲」級核動力航母的全部乘員數的總和,或等於運載一個滿員的海軍陸戰重型師,外加一個海軍陸戰遠征旅的美國巨型兩棲登陸編隊成員數的總和!

由於擔負著搜捕建文帝的重要使命,因此,船隊人員編制採用了軍事組織形式,人員以軍人為主。鄭和船隊由舟師(相當於現在的海

上機動作戰艦艇部隊）、兩棲部隊（海軍陸戰隊）、儀仗隊3個序列
編成。鄭和船隊採用的是明代軍隊建衛編制，一衛有官兵5000人至
5500人，共有5個衛的建制，分別隸屬於舟師、兩棲部隊和儀仗隊。
士兵大多是從明帝國各部隊中抽調來的精銳，其他則是從「水手之鄉」
福建長樂招募來的。鄭和船隊雖然人數眾多，但卻訓練有素，組織嚴
密，完全是按照海上航行和作戰需要來編組，其所形成的一支嚴密的
戰鬥整體，是當時世界上建制最完美的海軍部隊，其遠洋戰鬥力和兩
棲作戰能力在當時絕對是世界第一。

　　雖然鄭和船隊是冷、熱兵器相結合的部隊，但其武器裝備在當時
世界上是最優良的。在鄭和船隊的每艘戰船上，都裝備有大中型銅製
或鐵製火銃、火炮，以及大量銅製手銃。特別是熱兵器技術，至少領
先世界30～50年。例如：火炮炮彈從傳統的實心炮彈，改為了內填
炸藥的可爆炮彈，而歐洲是在14世紀中晚期，才出現少量的發射石
彈的火炮（部分先進的火炮技術，還是鄭和傳到阿拉伯，再輾轉傳入
西歐的）。至於火槍在西方部隊的裝備就更晚了，法國直到1566年才
淘汰了十字弓，而英國直到1596年才正式將火槍作為步兵武器。而
此時，鄭和船隊在火銃、火炮、鳥銃等火器的使用上，已經是非常嫻
熟了。

　　鄭和船隊在七下西洋的航海中，已經非常嫻熟地掌握了利用航海
羅盤和名震世界航海史的過洋牽星術進行導航。鄭和船隊對羅盤的應
用也已大大超出了僅僅指示南北方向的範圍，發展為主要用於測量和
確定船隊的方位、航速、航距和路線，並選擇確定最佳的航線，這種
技術是對世界航海史的一大貢獻。而過洋牽星術，就是靠日月升落來
辨別方向，靠測星體高低度來量遠近等，對船隊的方位、路線以及艦

距等進行判斷定位。這兩項技術的協作運用，大大提高了船隊的安全性與遠航能力。同時，鄭和船隊還把這兩項技術，運用到繪製航海圖中，並成功繪製了許多航海圖。

在船隊的指揮和調度方面，鄭和船隊還建立了一套完善的通訊聯絡體系，船上配有交通艇、信鴿、音響信號（鑼、喇叭、螺號等）、旗幟、燈籠等裝備。白天以旗語聯絡，夜間懸掛燈籠編隊，雨霧天則以號角、銅鑼或信鴿進行音響聯絡。

當時沒有任何一個國家能組織這樣規模龐大的艦艇戰術編隊進行遠洋航行，更沒有能力組織艦隊與這樣的龐然大物決戰。西方的航海家們，一直到 15 世紀末，還是靠觀察南極星同其他星宿高度的簡單儀器來確定航行方位的。鄭和船隊在航海技術、通訊指揮以及船隊的戰術編隊上，領先世界至少 70 年以上。

鄭和船隊的後勤編制非常先進。船隊有專職的後勤補給人員和強大的運輸能力，在保障船隊補給方面得心應手。船隊每次出海糧食儲備至少能支援兩年。鄭和船隊最大的特色，就是在船上種植蔬菜，養家畜、家禽，還有專職的水產捕撈人員。這些得力措施都為遠航的官兵提供了堅實的物資保障。從鄭和七下西洋可以看出，船隊官兵沒有營養不良和惡疾流行等事故發生。西方大航海時代的船隊，在航行中或多或少都出現船員營養不良、惡疾流行等事故。其中敗血病最為常見，西方國家直到發現維生素 C，才控制了類似疾病的發生。鄭和船隊那時雖然不知「維生素 C」為何物，但他們通過完善的後勤補給體系，切實保障了船隊官兵們的健康。不管航行到什麼地方，船隊都是生機勃勃，官兵的戰鬥力與航海能力沒有一絲減退。（一直到 17 世紀，西方航海者還是解決不了壞血病的問題，每次遠航都有大批海員為此死

亡，後來西方航海家發現中國航海者基本上都沒有壞血病而百思不得其解，通過分析，發現原因是中國人都有喝綠茶的習慣，而綠茶富含維生素，這才解開了壞血病之謎。）毫無疑問，這在當時是一支世界航海史上沒有任何力量可以與之匹敵的聯合艦隊，這是一支真正的無敵艦隊，它的實力之強，以至於艦隊運載的登陸部隊，可以隨意打垮它所遇到的任何一個國家的正規軍！

而與之相比，60 年後，1492 年從西班牙起航的哥倫布船隊僅有三條船，水手 90 人。哥倫布的旗艦「聖・瑪利亞號」，長度只有 80 多尺，排水量 233 噸。1497 年，開闢了歐洲至印度洋航線的達伽馬旗艦「聖・加布里埃爾號」則較大，但也只有 400 噸。而 1519 年出航繞過南美洲、橫渡太平洋的麥哲倫船隊也只有 5 條船，乘員 280 人，麥哲倫的旗艦「特立尼達號」僅有 110 噸。毫無疑問，那支早已在泉州港裡靜靜腐爛掉了的明朝艦隊，在它消失在海洋上 100 年後，仍是全世界無可置疑的海上王者，東西方仍然沒有任何一國海軍能對它造成哪怕最微小的威脅。事實上，當時在鄭和統帥下，如果這支艦隊願意，它可以在海洋上把當時全世界所有的海軍聯合艦隊同時碾成粉末。這支明朝艦隊的全球海權威力超出當時世界各國海軍之大，甚至超過了 500 年後，日不落帝國鼎盛時期的皇家海軍和今天的美國海軍的地位。中國當代著名科幻作家劉慈欣創作了一篇名叫《西洋》的歷史架空小說，盡情暢想了一番，如果鄭和船隊發現歐洲、美洲，對中華文明將會產生何等影響呢？

明帝國鄭和船隊，在數量規模上是世界上最龐大的，在噸位體積上也是世界上最龐大的，在裝備上更是世界一流的，在航海技術、通訊指揮和人員編制等多個方面都是世界領先的。所以美國學者路易絲・

從鄭和的大航海時代到東瀛崛起

麗瓦塞斯稱鄭和船隊是「一支舉世無雙的艦隊」，這樣的美喻，也只有鄭和船隊當之無愧。

據統計，在明成祖鼎盛時期的 1420 年，明王朝擁有 3800 艘船，其中 1350 艘巡船，1350 艘戰船，以及駐紮在南京新江口基地的 400 艘大船和 400 艘運糧漕船，其中 250 艘是遠洋寶船，此外還擁有大量護洋巡江的警戒執法船和傳令船，威名遠揚的鄭和船隊實際上只是強大明帝國海軍的一支海上機動艦隊而已。

鄭和船隊完整地展示了明帝國的實力，當時南洋、西洋諸國看到它的身影，無不顯示出對明帝國富裕、強大的嚮往，特別是南洋許多民族還停留在刀耕火種和乘獨木舟原始漁獵的時期，如此先進友好的船隊，帶來了大批先進文化技術。由於明朝薄取厚予的朝貢制度，使許多南洋國家自願成為明王朝的屬國，使明帝國增加了許多不征之地。元代需大軍征伐的占城、緬甸等地，都不戰而與大明友好。

鄭和船隊雖然只是向南洋、西洋各國和平展示明帝國的國力，但決不只是為明帝國「作秀」的花瓶而已。船隊三次出戰均獲全勝：一次是在今天的印尼的蘇門答臘巨港，殲滅了陳祖義的海盜勢力。這股海盜悍勇兇殘，長期滋擾南洋航線，過往船隻深受其害，最高峰時曾結夥萬人之巨，是當時全世界最大的海盜集團之一，劫掠船隻超過萬艘，攻陷城鎮 50 多個。明成祖曾懸賞 50 萬兩白銀的巨額，要這個長期禍害南洋各國的悍匪的腦袋，船隊所經之處，沿途各地不斷向鄭和痛訴陳祖義海匪的惡行。於是鄭和用計生擒了陳祖義，並登陸剿滅了 5000 名海盜，澈底搗毀了海盜老巢，並將陳祖義押回中國梟首，從此南洋航線暢通無阻。

二是蘇門答臘偽王蘇幹剌叛亂，欲奪王位，並殘酷殺害明帝國派

去調停的官兵，鄭和率兵登陸將其擊敗，擒獲了蘇幹剌。這一仗也是勝得輕鬆無比。

　　三是與錫蘭山（今斯里蘭卡）國王烈苦奈兒的戰鬥，這也是鄭和船隊經歷的最大一次海、陸戰鬥。起因於錫蘭山國王垂涎鄭和船隊的寶物與船隻，當時錫蘭山國王烈苦奈兒聚集大約 6 萬部隊，占盡了天時地利，以和平的方式先誘騙鄭和及部分隨從人員上岸，然後阻斷其回船隊的後路，同時他的 5 萬多大軍直撲港口，攻擊鄭和船隊。然而他們太低估了鄭和船隊的戰鬥力，5 萬大軍損失慘重，只得駐守岸邊。此時被阻斷退路、並遭遇伏擊的鄭和和他的 2000 精銳衛隊，不退反進，快速向前方突襲，猛攻烈苦奈兒王城，並破城生擒了烈苦奈兒和其妻子，烈苦奈兒 5 萬多大軍不攻自破。鄭和後將烈苦奈兒帶回南京，讓這位國王看到明帝國的繁華後將其安全放回。據說這位國王以後與明朝相當友好，往來密切。後來明英宗時斯里蘭卡一位王子來華訪問，因故不能歸國，遂終老於斯，至今在中國福州還留有斯里蘭卡這位王室成員的墳塋和其後裔。1985 年，斯里蘭卡人民舊情難忘，要求中國協助尋找錫蘭山王子後裔，結果驚喜地發現，500 年後，老王子後裔許世吟娥仍在中國快樂地生活。2002 年，王子後裔許世吟娥訪問先人故國，斯里蘭卡舉國以王室禮儀隆重接待，稱其為「錫蘭山公主」。2010 年參加上海世博會斯里蘭卡國家館日活動的迪薩納亞克‧賈亞拉特納總理，一天之內三次會見許世吟娥，表達對 500 年前來華的老王子的崇敬之情。

　　這三次戰鬥只是牛刀小試，並沒有完全激發船隊的戰爭潛力。但由此三戰可見，只要鄭和船隊願意，可以隨時對東南亞任何一個中小國家發起一場毀滅性的軍事打擊。而且鄭和船隊只是明帝國一支因七

下西洋而聞名的船隊,只是明帝國海軍海上機動作戰艦隊的一個典範。只要明帝國願意,當時無論是船隻還是人手,至少還可在 10 個月內再組建 4 至 6 個「鄭和船隊」,保持輪番出航遠征的能力。

如果以南洋藩國為基地,利用這些船隊將兵力源源不斷地輸送到印度洋各地,明帝國將毫不費力地控制印度洋和非洲(鄭和的船隊就多次到過非洲),還可進一步向大西洋發展,這種可能並非狂想。明帝國常年養兵 200 萬,一年之內在中國南方聚集 50 萬大軍,跨海登陸殖民沒有任何問題,而且海上輸送也沒有任何問題,當時除了強大的海軍外,明朝民間還有大量常年跑南洋、印度洋和中東的大商船可以徵用,有的商船本身就裝有大量武器,航海人員技藝嫻熟老練,直接編入海軍也沒有任何問題。如果在這樣的殖民征服戰爭中以戰養戰,明帝國可以毫不費力地征服大半個世界,以後的西方帝國主義者就是這樣做的,並奴役了世界殖民地 200 年。而中華儒家天人合一、天下一家、以和為貴的傳統文化哲學思想,讓當時實力優勢巨大的明帝國從沒考慮過這一殖民征服計畫,所以,不是華人沒有能力幹出後來西方殖民強盜對弱勢民族殺人放火的勾當,而是華人的和平仁道的文化傳統,和「兵者,兇器也,聖人不得已而為之」的偉大哲學思想,從根本上制止了帝國海軍的海外野蠻擴張,並選擇了用海軍向世界送去和平、文明與華夏民族的友誼。

最令後人敬佩的是,鄭和船隊 28 年間七下西洋,造訪 40 餘國,除了一次剿滅海盜和被迫打了兩次自衛反擊戰外,沒有侵略過一個國家,沒有建立一塊殖民地,沒有掠奪他國財物,沒有為自己圈定一片海域或佔領一座島礁,甚至沒有為自己建立一座紀念碑和在外國水域留下一個明朝地名,沒有使任何鄰國感到過威脅。這支當時世界上最

強大的海軍艦隊進行的是真正的友好邦交的「和平之旅」，它是一支真正的「和平艦隊」。鄭和寶船所到之處，只留下了華夏民族的真誠友誼和先進的文化技術，還有南洋各地人民供奉鄭和延續至今綿綿不絕的香火。

⚓ 千古絕唱

鄭和七下西洋，為亞非各國，特別是東南亞各國的國家獨立、經濟繁榮、文化交流作出了不朽貢獻。三寶井、三寶廟等多處鄭和當年航海的遺跡，至今在南洋香火鼎盛。南洋人民為鄭和建廟立碑，記載他的業績，追思他的恩澤，定期舉行紀念活動，廟中香火不絕，歷700年不衰，可以說世界上除鄭和外沒有一個航海家能在這麼多國家、這樣多的人群中受到如此普遍的尊敬。

而與之相比，哥倫布4次遠航美洲，結果導致近一億美洲原住民幾乎被殺絕，僅在邊遠地帶殘留了500萬人。1436年，貢薩爾維斯·巴爾達亞在博哈多爾角登陸時第一次遇到黑人，葡萄牙人從此進入黑非洲，5年後，貢薩爾維斯就往歐洲運回了10名黑人奴隸。很快，「黑非洲」就全部成了白人的奴隸，達伽馬打通了西非航線，歐洲人進入了印度洋，從此印度開始了延續至今的災難。麥哲倫在菲律賓馬克坦島強硬命令土人向西班牙國王稱臣納貢，並試圖武力征服該島居民，結果更是直接被憤怒的土著殺死在海灘上，指揮反擊的土著首領拉普拉普就此成為菲律賓彪炳千秋的著名民族英雄。直到今天，左手持盾、右手揮刀的拉普拉普雕像仍然挺立在他當年殺死麥哲倫的海灘上，受到菲律賓人民永遠的祭祀。發人深省的是，100年前，還是這些

土著，卻載歌載舞地在同樣的海灘上歡迎了鄭和的到來。

任何人都無法否認哥倫布、麥哲倫這些航海先驅帶來地理大發現的巨大貢獻，但同樣也無法否認，這些滿手血腥的西方殖民主義者褻瀆了基督教博愛仁慈的偉大濟世精神，背叛了十字架所代表的基督捨己救人的崇高信念。

偉大的航海家鄭和出生於中國的雲南省，他是一位虔誠的穆斯林，家庭世代信奉伊斯蘭教，祖父和父親都曾去過聖地麥加朝覲，被當地穆斯林尊稱為「哈只」。哈只是當時中國對於前往伊斯蘭教聖地麥加朝聖過的穆斯林的尊稱。下西洋的過程中，鄭和每到一地都要與其從人穆斯林馬歡、郭崇禮、哈三等人舉行儀式並和平傳播伊斯蘭教教義。直到今天，伊斯蘭教還是印尼和馬來西亞的主要國家信仰。鄭和本人也在航海過程中於紅海登陸，激動萬分地朝拜了聖城麥加，和其父輩一樣實現了一個虔誠的穆斯林一生的最大夢想。1961 年，一位著名學者，伊斯蘭教領袖、哈姆加長老曾明確寫下一句令人深省的名言：「印尼和馬來西亞伊斯蘭教之發展，與中國一位虔誠的穆斯林密切相關，這位穆斯林就是鄭和將軍。」

2003 年 5 月 28 日，東爪哇首府泗水的鄭和清真寺舉行落成典禮並正式對外開放。這是世界上第一個以「鄭和」命名的清真寺。該清真寺飛簷畫棟，赤柱碧瓦。其建築設計參照中國北京牛街清真寺，充滿了中國特色，由紅、黃、綠三色主配整個建築，雄偉壯麗，別具一格。清真寺的右側，陳列著鄭和寶船的仿製船和鄭和下西洋的巨幅畫像。

鮮為人知的是，這位虔誠的穆斯林、偉大的航海者在下西洋的前夜，曾於 1404 年，率一支船隊從浙江寧波附近的「桃花渡」出發，橫

越東海，出使日本，會見當時的日本國王源道義（足利義滿），建立了
明朝與日本的正式外交關係，簽訂了經濟條約《勘合貿易條約》，即俗
稱的《永樂條約》，推動了中日貿易的正常發展，並促使日王承諾積極
解決倭寇犯邊問題。鄭和使國後，源道義就主動出兵剿殺倭寇，梟海
寇首獻於明廷，到永樂十五年，中國沿海基本實現了倭寇絕跡。

　　正是鮮為人知的「鄭和下東洋」的成功為明帝國解除了後顧之
憂，才有了此後「鄭和七下西洋」的壯舉。在多年的航海實踐中，鄭
和深刻認識到海權對於一個國家的重要性，海洋貿易能給國家經濟帶
來巨大的發展，特別是掌握制海權對維護國家安全具有至關重要的作
用。鄭和對航海經過的區域進行了戰略佈局，以南海諸國為後方基
地，以南印度半島及其沿海諸國為戰略中心，遠懾西亞、東非，並在
遼闊的海外選擇了占城、滿剌加、舊港、古里、忽魯謨斯等地作為海
洋發展的重點區域。這樣，既有利於擴大海外交通和貿易範圍，又能
夠實現「以海屏陸」，確保中國國土安全的戰略構想。

　　他曾對明朝統治者進言：「欲國家富強，不可置海洋於不顧。財富
取之海洋，危險亦來自海洋……一旦他國之君奪得南洋，華夏危矣。」
這是鄭和畢生海上經歷的總結，也是世界上最早出現的關於海權的論
述，比美國馬漢〔註〕的「海權論」早 400 多年。

─────────────────

〔註〕：阿爾佛雷德・賽耶・馬漢（Alfred Thayer Mahan，1840～1914）：父親是美國陸
　　　軍軍官學校的校長，1859 年自安納波利斯海軍學校畢業並進入海軍服役，1885
　　　年任美國海軍學院教授。馬漢認為制海權對一國力量最為重要，海洋的主要航
　　　線能帶來大量商業利益，因此必須有強大的艦隊確保制海權，以及足夠的商船
　　　與港口來利用此一利益。馬漢也強調海洋軍事安全的價值，認為海洋可保護國
　　　家免於在本土交戰，而制海權對戰爭的影響比陸軍更大。主要著述有《海權對
　　　歷史的影響 1660～1783》，《海權對法國革命及帝國的影響，1793～1812》，
　　　《海權的影響與 1812 年戰爭的關係》，《海軍戰略》等。

後來，果如鄭和所言，西方帝國主義者就是從南洋長驅直入，幾致中國覆亡。連貫 28 年的鄭和下西洋不僅使亞非地區的海上貿易進入盛世，由鄭和所推動的大規模遠洋航海活動也進一步孕育了明朝的航海商業。但是正值鄭和下西洋成功進行遠洋航海貿易的同時，永樂皇帝對北方蒙古族及南方安南的用兵卻很不成功。永樂帝對北方的用兵，已使明廷國庫不堪負擔。為了便於他部署對北方的軍事行動，永樂十八年遷都北京，實際上的資金積累工作於永樂二年已經開始。為了往北京大量集中人力、物力，分別在江西、湖廣、浙江、山西和四川的林區組織伐木，在北直隸組織燒磚，開通淤塞多年的南北大運河，修復北京城牆、宮殿，所需物資大多由遙遠的南方運來。以上兩項支出均是純消耗而不能回收。

而鄭和下西洋雖有所失，但畢竟還有所得。有的學者論證，在鄭和下西洋期間，僅與東南亞各國的貿易額每年達白銀 100 萬兩，10 年即達 1000 萬兩，看來至少可以做到收支持平。如果都是支出而毫無收入，按朱元璋時期那樣的朝貢貿易政策，鄭和下西洋肯定堅持不了 28 年之久。當鄭和第六次下西洋行將結束時，由於北伐和遷都，支付浩繁，明廷已經是「國庫空虛」，故永樂皇帝一死，洪熙帝受大陸派的蠱惑全部怪罪於鄭和下西洋，並下詔：「下西洋諸蕃寶船，悉皆停止。」

在經歷了 28 年的極度輝煌之後，明帝國的遠洋航海活動竟戛然中止，明朝航船在西洋航線上急速後退，基本上未越過麻六甲海峽以西的西洋海域，使當日開拓海洋的突出優勢很快喪失殆盡！

鄭和下西洋與張騫出西域，都是中華民族對於未知世界的大膽探索，都是王朝鼎盛時期的大手筆，都是人傑出征，都取得了巨大成功，都為中華民族打開了一片廣闊的新天地。但兩次開天闢地的出使

卻帶來迥然不同的結果。張騫的出使，使中國從此獲得了西域；而鄭和下西洋這一偉業卻未能傳續下去，明成祖後的各代君主都是鼠目寸光的守成之輩，毫無經營南洋的意識，到清代海禁更是嚴酷到「片板不許下海」的程度，遂使本應極大改善中華民族和國運的重大歷史機遇白白流失。有西方研究者推測，如果華人把鄭和航海的事業幹下去，現在的世界至少會有一半是中國的。唾手可得的南洋富庶之地不去經營守衛，充養國力，卻陷在北方苦寒之地的長期苦戰，這不能不說是明清兩朝最大的戰略失誤。說到底，這還是一個大陸民族對海權意識的缺乏和淡漠所致。但是制約中華民族進行海外殖民擴張的最根本的文化因素，的確是華人從古至今奉行的以和為貴的外交思想，這種思想，唐代大詩人杜甫用四句名詩做了精闢概括：「……殺人亦有限，列國自有疆。苟能制侵陵，豈在多殺傷。」即使鄭和本人也從未提出過任何殖民計畫，他的海洋佈局也只是與船隊所經國進行完全平等的友好協商，開展完全對等互惠互利的貿易活動，甚至在明朝的朝貢政策下，在物質上付出得更多一些，這是誰都無法否認的鐵一般的史實。而鄭和的海權思想更是通過結好南洋諸國，加大中國海洋方向防禦縱深，以達到確保中國大陸國家安全目標的完全和平主義的海權思想，這與馬漢那種集帝國主義思想之大成的，通過控制全球海洋來奴役各大洲人民的強盜海權是完全不同的兩碼事。

就在閉關自守的封建王朝放棄了海洋，眼睜睜地看著鄭和留下的無敵艦隊一點點腐爛在死寂的海港裡時，在遙遠的西方，一支支滿懷雄心和貪欲的海上力量正在迅速崛起，巨大的危機正無情地從海上朝中原大陸襲來……。

第 二 章

歐羅巴紅毛來了

就在 1434 年鄭和第七次遠洋航行剛結束時,葡萄牙遠洋探險隊的
白帆開始鼓蕩在西非博哈多爾角。1446 年,不屈不撓的葡萄牙人
終於進抵幾內亞灣,欣喜若狂的白人探險家開始睜大不敢置信的
眼睛,狂喜地面對廣袤的非洲大陸和健壯好奇的黑人歡呼。1497
年,靠著一代又一代餐風飲浪的偉大航海家用生命換來的寶貴經驗
教訓,80 年如一日不惜一切探索大洋的葡萄牙人終於迎來了豐收
的金秋,堅毅不拔的達伽馬船隊終於駛過了非洲的盡頭風暴角(即
今天好望角),一舉鼓帆沖進了印度洋,使阻斷東西方的海洋屏障
訇然倒地,東方航線就此打通!

本來對未知世界懷有極大驚懼的葡萄牙人很快驚喜地發現,印度洋
上到處都鼓動著東方各國的點點白帆,這裡的人民早就有著非常成
熟的貿易網、貿易航線和無數豐饒的出產!只有葡萄牙人知曉,這
意味著無比巨大的壟斷性利潤。在巨大財富的誘惑下,僅僅一年,

葡萄牙的船隊便從風暴角沿著東非海岸——鄭和開闢的航線——貫穿印度洋，於 1498 年駛入了 60 年前明朝航海家鄭和歸航途中病逝的印度古里港！接著，通過對來往商船情報的收集，葡萄牙船隊便沿著明朝在印度洋和南海開闢的古老貿易航道，一帆風順地駛過麻六甲海峽，打開了明朝海上勢力範圍和水域大門，然後穿過明廷自己放棄的南海，直接來到了古老中原王朝的院牆內敲門，廣州城外便響起了佛朗機的隆隆炮聲！

（註：「歐羅巴洲」為歐洲之全稱。）

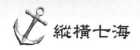 **縱橫七海**

　　1517 年（明正德十二年），在鄭和船隊的帆影在大海上消失 50 年後，明代海防重鎮廣州外海海面上悄悄駛來幾艘西方船隻。曾經帆檣如林的廣州港在朝廷嚴厲的海禁政策下早已空空蕩蕩，多年沒見過兩桅以上大海船的廣州市民，興奮地指點談論著那幾艘模樣古怪的大船，那幾艘洋船上居然有三根高桅！突然那幾艘正在靠近的洋船上冒出幾縷淡淡的青煙，頓時一陣巨響往來，聲若霹靂雷霆，碼頭上的人群頓時一片混亂，孩童的哭喊聲、大人的呼喚聲和驚慌的喊叫聲亂成一片，原來這是洋船上來訪的葡萄牙駐華第一位使節托梅‧皮雷斯在下令按西方禮節進港鳴炮。

　　此前，所有來華外國船隻從無鳴炮行為。要知道，在禮法嚴謹的古代中國，擊鼓鳴炮都是屬於有嚴格規定，寫入律令的重大行為。所以廣州地方官員受此驚擾，惱怒萬分，而葡萄牙又不屬於明朝規定的朝貢國家，所以斷然拒絕葡人登岸，中西方的第一次正式海上官方交往就這樣落下了不愉快的帷幕。

　　望著悻悻的葡萄牙船隻，廣州地方官員心中可謂又驚又懼。這模樣古怪的高大船隻、比明軍還精良的火器，和紅髮碧眼皮膚白皙的怪異人種，完全超出了他們的知識範圍和理解能力。其實這並不奇怪，印第安人第一次見到從帆船上走下來的白種人時，都把他們當成了從海那邊過來的神。不過中原王朝一向以天朝自居，在內心深處，化外之民皆屬蠻夷之邦。雖然面對白種洋人，明廷官員不可能有印第安人那種自卑心理，但蠻夷之邦的堅船利炮勝過天朝製造，仍不禁讓明朝地方官員大吃一驚。這等不知禮數、胡亂放炮的紅毛怪物來自何方？

該命何名向上級彙報？這個問題讓廣州地方官員大傷腦筋，這時一些曾在東南亞接觸過葡萄牙的伊斯蘭商人來救了急，他們告訴明廷官員，這些紅髮白人叫「佛朗機」！

「佛朗機」此名其實是以訛傳訛，這是以前土耳其人、阿拉伯人以及其他東方民族泛指歐洲人所用的名稱，印度斯坦語作 Farangi，波斯語作 Firangi，均為法蘭克（Frank）一詞的誤讀。法蘭克是 6 世紀征服法蘭西地方的一個日爾曼部落集團，德國「法蘭克福」這個大城市地名即源流於此，來自德意志地區的「條頓騎士團」是「十字軍」三大騎士團之一。伊斯蘭教徒在長達數百年的「十字軍東征」的血腥廝殺中，與「條頓騎士團」早有接觸，故誤稱歐洲人甚至統稱西方的基督教徒為「佛朗機」。中國人於是也就跟著錯，以後有明一代，在所有官方檔裡，都稀裡糊塗地將葡萄牙人、荷蘭人統稱為「佛朗機」。不久，由於葡萄牙人和荷蘭人在中國沿海的海盜行徑使明廷大為不恥，所以在中國沿海地方官員的私下交談中，則又將「佛朗機」蔑稱為「紅毛夷」和「紅毛鬼」，簡稱「紅毛」。

那麼，這行事怪異的「紅毛」是怎樣來到中國的呢？

事實上葡人東進造成西風壓倒東風之勢，已開啟尚不為時人警覺的華夏三千年未有之變局。1511 年，葡萄牙人一舉攻佔南海的門戶、明朝藩屬滿剌加國（今馬來西亞麻六甲州），直接威脅明廷海上安全。

歷史的煙雲中既映照著鄭和船隊寶船令人扼腕的腐爛殘骸，也迴蕩著葡萄牙人堅船利炮的帆影雷鳴。想回溯華夏屈辱近代史的根本原因，吸取歷史的經驗教訓，避免重蹈痛苦的歷史覆轍，我們就不能不認真分析其航海事業的失敗，和西人大航海時代輝煌成功的最深層經驗教訓。

　　首先，東西方航海目的和性質的不同，幾乎就決定了當時歷史條件下，雙方航海事業最終的成敗。

　　驅使西方航海家一次次冒險遠航的動力幾乎就是一個字：錢！

　　而西歐各國政府不惜代價資助探險海運，還是為了一個字：錢！

　　葡萄牙政府派達伽馬東航印度，西班牙政府派哥倫布遠航美洲，統統都是為了一個字：錢！

　　在所有西方航海家中，哥倫布算得上是一位資本運作的高手，一位典型的重商主義者。他在與西班牙的君臣、熱那亞地區的朋友、佛羅倫斯人和猶太人打交道時，都強調百分比、委託利益和利潤，這完全是一種資本主義的模式。

　　哥倫布之所以沒有說服葡萄牙國王接受西航計畫以及他曾三次為西班牙王室所拒絕，其主要原因一是葡萄牙王室不相信哥倫布的計算，同時也擔心哥倫布的發現會打亂葡萄牙貿易航線佈局，再來就是哥倫布要價太高了。獅子大開口的哥倫布被拒絕後，又在西班牙活動了 6 年。哥倫布寧可窮困潦倒、使畢生從事的探險計畫擱淺，也決不降低報酬標準。

　　由於哥倫布的堅持，最終還是西班牙君主妥協，同意了他的航海計畫，並於 1492 年 4 月 17 日，與哥倫布簽訂了「聖大非協定」，明確規定，西班牙國王是新發現領土的宗主和統治者；哥倫布為新發現領土的海軍司令和總督；哥倫布將擁有新發現領土上出產和交換所得的全部黃金、白銀、珍珠、寶石、香料和其他財物的十分之一，並且一概免稅；對於同領土進行貿易的船隻，哥倫布享有投資取得八分之一股份的權利；哥倫布還享有新領地的商務裁判權，其後代世襲其一切爵位、頭銜和權利。

可見，驅使哥倫布冒險遠航的，完全就是一份由國家擔保的，能為哥倫布個人帶來巨大利益的商業契約，簡而言之，這份契約的實質就是主權歸君主，財富歸哥倫布。而西歐各君主願意支持這些膽大包天的冒險家遠航，給他們以優厚的待遇，也無非是這些冒險家可能為他們獲得新的海外領土和巨額利潤。

所以對於西方航海家來說，他們面前的藍色大海不是鄭和面前的和平友誼之海，而是不折不扣的、充滿了黃金誘惑的巨大商海！這種為商業利益冒險遠航的傳統是與西方國家自古以來的重商傳統一脈相承的，甚至後來歐洲四大海上霸主：葡萄牙、西班牙、荷蘭，和集大成的英國，乾脆就把他們的船堅利炮征服四海概括為四個字——「仗劍經商」！

就是因為航海的主要目的是對商業利潤的追求，所以西方航海家對航海途中的原住民便採取了與鄭和截然不同的態度。為了儡服海地島上的印第安人，哥倫布進行了 9 個月的征服戰爭。1495 年，哥倫布發佈命令：凡年滿 14 歲的印第安男人，每人每季必須繳納一鷹腳鈴金砂，或 25 磅棉花。酋長每人每 2 個月必須繳納 1 葫蘆金砂。完稅者發給一塊銅牌掛在脖子上，未繳納者或繳納不足者將受到懲罰，重者可處死。這就是歷史上臭名昭著的鷹腳鈴制度。

結果在短短的幾年中，印第安人累世積攢起來的黃金很快被西班牙殖民者榨取一空。海地島上黃金的貯藏量有限，時間稍長，多數人都無法達到標準而慘遭殺戮或勞累致死。即便逃匿山林，最終仍不免死於饑餓和疾病。海地島上的印第安人急劇減少，結果哥倫布的探險成就變成了對印第安人的大屠殺。

與鄭和下西洋造福亞非相比，哥倫布等西方航海家的海外殖民活

動帶給美洲人民的卻是無盡的災禍。西方殖民者所到之處對當地人的剝削和壓迫，可謂慘不忍睹，葡萄牙人在印度的果阿宗教法庭，對異教徒的鎮壓與暴行，其種種酷刑令人髮指，而西班牙在美洲的暴行也是一脈相承。但最可怕的還是不同人種和物種，突然的非自然交流造成了極其可怕的後果。

正當哥倫布和西班牙人在美洲大陸血腥屠殺的同時，葡萄牙人在中國沿海也幹起了同樣的強盜勾當，只是由於當時明王朝的相對強大，葡萄牙人不敢、也沒有能力對中國人採取對印第安人那樣的屠殺政策，而是更多地施用了謀略詭計來騙取。

葡萄牙探險船隊在達伽馬率領下抵達鄭和逝世的古里後，便秉承恩師「大航海精神教父」恩里克王子的傳統，開始大規模系統收集有關亞洲的地理和人文情報，尤其是有關中華文明的資料。這一點也不奇怪，因為中原地區是東方文明的政治、軍事、經濟和貿易中心，想和東方打交道，華夏地區是繞不過去的。

葡王曼努埃爾一世得到達伽馬的情報後，對遠東地區的發現極為關注，對艦隊司令塞格拉下達了有關搜集華漢地區情報的詳細要點：「你必須探明有關秦人的情況，他們來自何方？路途有多遠？他們何時到滿剌加或他們進行貿易的其他地方？帶來些什麼貨物？他們的船每年來多少艘？他們的船隻的形式和大小如何？他們是否在來的當年就回國？他們在滿剌加或其他任何國家是否有代理商或商站？他們是富商嗎？他們是懦弱的還是強悍的？他們有無武器或火炮？他們穿著什麼樣的衣服？他們的身體是否高大？還有其他一切有關他們的情況。他們是基督徒還是異教徒？他們的國家大嗎？國內是否不止一個國王？是否有不遵奉他們的法律和信仰的摩爾人或其他任何民族和他們

一道居住？還有，倘若他們不是基督徒，那麼他們信奉的是什麼？崇拜的是什麼？他們遵守的是什麼樣的風俗習慣？他們的國土擴展到什麼地方？與哪些國家為鄰？」

塞格拉的船隊於 1509 年駛抵滿剌加後，馬上展開與在當地經商華人的交往。華人運銷滿剌加的主要貨物為麝香、絲綢、樟腦、大黃等，以換取胡椒和丁香。華商一般趁 3、4 月的季風前來滿剌加，於 5、6 月又趕風返回中國。葡萄牙人千方百計向華人打探明朝的情況，企圖擠入明朝與東南亞的貿易網中。他的艦隊在滿剌加逗留了數月，後因無法補充補給而撤退，但與華人已經有了初步接觸。

讓人感慨不已的是，就在葡萄牙人拼命收集明朝情報的時候，明王朝不但對西方越來越近的海上威脅麻木不仁，而且在明廷內部發生了一件令後世極為傷感的事，這就是鄭和在航海途中費盡千辛萬苦之力搜集的有關南海、南洋和印度洋地區所有的航海資料，沿途各國貿易和國情檔案資料全部被莫名其妙地銷毀了。就在明朝主動放棄海權和海上貿易不久，海外貿易的走私巨利讓不法商人垂涎不已，大批內外勾結的海盜集團頓時蜂起，這裡面最有名的當然就是以日本浪人為骨幹的「倭寇」集團，所以明朝的倭患實是物必先腐而後蟲生的典型案例，如果不是強大的明朝海軍在鄭和之後自毀於海港內，那些只操輕舟舢板的倭寇怎麼可能長期劫掠亞洲沿海？而有明一代，鄭和之後，先是東洋倭寇禍害東南，後有南海此起彼伏的海匪集團和葡萄牙人、荷蘭人不斷滋擾，並佔據澳門和臺灣，這實在不能不說是明廷自棄海防的可怕報應。

隨同鄭和航海資料一起消失的，還有工匠精湛的傳統造船技藝。由於長期不造大船，造船的工藝漸漸荒廢、遺忘、失落，隨著為鄭和

造船的最後一批工匠去世，明朝從能製造至少 2000 噸的遠洋寶船，退化到只能造出最大噸位 400 噸的近海巡邏船，而且造船品質大大下降。所以葡萄牙人東來，在海上一經接觸，就對中國軍艦鄙視萬分，將中國軍船蔑稱為「戎克船」，意為「中國帆船」，「破爛物、垃圾、廢物等無價的東西」。

在偵知了明廷極其虛弱的真實海防情況和棄守南洋的情報後，葡人貪心大起，在 1510 年攻佔了印度果阿後（果阿位於印度西岸，此後直到 1961 年，印度獨立後第一任總理尼赫魯，動用 3 萬軍隊攻打果阿，血戰 48 小時，俘獲葡軍 3000 人，才奪回了被葡萄牙佔領 400 多年的這座印度海濱城市），斷然東進，一舉攻佔了南海門戶，明朝藩國滿剌加。

滿剌加在今日馬來西亞麻六甲州，扼守著麻六甲海峽要衝。麻六甲海峽是今天美國海軍嚴令必須控制的 16 個全球海上咽喉要道之一，這裡的航道連接著中國近海和印度洋。控制了滿剌加，意味著葡萄牙人從此澈底鎖住了明廷通往印度洋的海上咽喉。1511 年滿剌加的陷落從此為西方打開了進入中國勢力範圍與水域的大門，葡人開始實施葡萄牙東方帝國的構思。而更可歎的是，當滿剌加國王向明廷求救時，明廷完全放棄保護藩屬國的責任和決心，僅令暹羅等國出兵敷衍了事，從此南洋諸藩齒冷心寒，在南洋各屬地，明廷人心兩失。

葡人的突然進入，將明廷、東南亞地域政治的平衡破壞殆盡，幾千年來中國以「朝貢貿易」保持的「主宰地位」開始動搖，「天朝」受到來自朝貢貿易圈外的挑戰，但明朝仍未意識到葡人在東南亞出現的嚴重性，無充分的政治觸覺，似乎已無足夠的國力來應付此種局面。

結果，攻佔滿剌加實際上成為葡萄牙對明朝的一次完美戰略偵

察。偵悉了明廷的愚蠢和海防虛弱,葡萄牙人竊喜萬分,一不做,二不休,當即決定繼續揚帆東航,派軍艦直衝明朝本土沿岸繼續試探明廷底細,中國海軍和西方海軍的第一次較量已是不可避免!

⚓ 號炮震廣州

　　1512 年 4 月 1 日,具體提出葡萄牙東方帝國構思的麻六甲總督阿方索‧德‧阿爾布克爾克向葡王曼努埃爾一世彙報:「從一爪哇領航員的一張大地圖上複製了一部分。該圖上已標有好望角、葡萄牙、巴西、紅海、波斯海和香料群島,還有華人及琉球人的航行,標明了大船的航線及直線路程、腹地及何國與何國交界。我主,我竊以為是我有生以來所見的最佳作品,想必殿下也一定願一睹為快。地名都是爪哇文寫的,我攜帶的爪哇人識字。我將此圖敬呈殿下,法蘭西斯科‧羅德里格斯(Francisco Rodrigues)已複製一份。(註:此件今存法國巴黎國會圖書館。)從圖上,陛下您可以看到華人及琉球人究竟從何而來,殿下的大船前往香料群島的航線,金礦,盛產肉豆蔻和肉豆蔻皮的爪哇島與班達島,暹羅國王的國土,華人航行的地峽。它向何處轉向及從哪裡無法再向前航行的情況⋯⋯。」

　　可見,這時葡萄牙人已經澈底摸清了通往中國,乃至琉球群島的航線,剩下的事只不過是向南海揚帆直抵大明海岸,而這點海程對於已經橫越了大西洋和印度洋的葡萄牙老水手們來說,實在是太簡單了。要知道,僅達伽馬的探險航程往返就達 30000 多公里,歷時 2 年 2 個月,南海那 500 多海里寬的水域在這些長年累月在大洋上餐風飲浪的老水手們面前又算什麼呢?

　　於是，1517 年 9 月底，葡萄牙第一位訪華使節皮雷斯便溯珠江進抵廣州，在懷遠驛前鳴放了讓明人大吃一驚的禮炮！

　　葡萄牙人隆隆的炮聲就此揭開了中國與西方在近代首次見面的序幕。應該說，中葡兩國初次交往的氣氛還算是頗為友好的，廣東布政司吳廷舉在聆聽了艦隊司令費爾南和皮雷斯的解釋後，立即快馬上報駐紮在廣西梧州的總督陳西軒。陳西軒幾天時間就趕到廣州，然後按照天朝上邦對待外夷的一貫做法，讓葡萄牙人先到清真寺（今廣東光孝寺，中國禪宗六祖慧能即在此做「風動幡動」之答後祝髮出家），好好學一天中華禮儀，以開化這些蠻夷之徒。但可笑的是，這些葡萄牙人可都是虔誠的天主教徒，當被弄到伊斯蘭教的清真寺裡學習中華儒家的禮儀時，恐怕也只能啼笑皆非。不過明人此舉也絕非惡意，只是一個可笑的好心誤會，因為此前與明廷進行海貿的幾乎全是南洋、印度洋一帶的伊斯蘭教徒。

　　陳西軒和費爾南、皮雷斯會面後，慨然答應了葡萄牙人的要求，一面派人進京向朝廷彙報葡國使團想覲見中國皇帝的請求，一面允許費爾南出售不屬貢品之內的商品進行貿易，甚至專門撥給費爾南一座房子讓葡人擺攤。結果胸懷東方帝國雄心的葡人利用明人好意，偷偷派人潛入廣州偵察，竟在元宵節晚上偷偷爬上廣州城牆走了一圈，又搞起了諜報偵察活動，數清了當時的廣州城牆一共有 90 座城樓。要知道，城牆在那個時代，在東西方都屬於軍事重地。費爾南此舉雖未被明人察覺，但這種愛好偷偷摸摸、鬼鬼祟祟的德性無疑就為以後中葡關係的惡化埋下了伏筆。

　　由於麻六甲告急（前麻六甲回教朝廷與葡萄牙發生戰爭，費爾南於 1518 年 11 月「榮華富貴」地回到麻六甲，留下了皮雷斯使團繼續

從鄭和的大航海時代到東瀛崛起

等待明廷同意觀見的答覆），他臨走時給了明廷一個很好的印象。明人記載，費爾南當時到處拍胸許願拜把子，且四處宣稱如果有誰遭到葡萄牙人的傷害，或某個葡萄牙人欠下的東西不還，都可以找他解決，來者一定都會有滿意的結果云云。

只是，費爾南大概做夢也不會想到，他在中國所做的這些有益於中葡兩國人民友好的、富有建設性的工作，竟然在不久之後便被他的親弟弟，新任艦隊司令西門（或譯做西芒）·德·安德拉德完全破壞。這位不爭氣的弟弟不但親手毀掉了費爾南費盡九牛二虎之力才建立起的中葡友好關係，甚至送掉了皮雷斯大使的性命。真可謂龍生九子，子子不同，彬彬有禮的費爾南紳士，弟弟西門卻是個窮凶極惡的可怕歹徒，不折不扣的強盜！

1519 年 4 月，西門自印度柯枝出發，經麻六甲海峽於 8 月抵達明朝疆域的屯門島（今香港大嶼山）。他在屯門島修建了一座架起火炮的堡壘，完全無視大明的土地主權。又以葡萄牙儀式處死了一名水手，侵犯明廷的法律主權。還不准東南亞等地商船在葡萄牙商船賣完貨物之前將貨物搬運上岸，簡直就是欺行霸市。甚至掠劫旅客與他國商船，還幹強盜的副業。

最令人髮指的是西門還當起了人口販子，他們綁架了大批青年和兒童，進行傷天害理的販賣人口活動，其中還包括廣州城內名門望族的兒童。這種種罪行當然不但破壞了中葡之間剛剛建立的友好外交關係，還將葡萄牙人變成華人的死敵。

1520 年（明正德十五年）1 月 23 日，通過重賄，皮雷斯終於出發赴北京。當他們抵達北京後不久，對西門這些葡萄牙人的種種惡行指控便如潮水般湧進朝廷。儘管明武宗這位風流皇帝與權宦江彬非常

喜歡葡萄牙使團的譯員火者亞三，但也堵不住悠悠眾口。火者亞三嚴格地說，是個非常善於察言觀色的江湖混混。火者亞三本是明人，不知在哪兒學會葡語後便冒充葡人帶來的麻六甲使臣，如此見風使舵之徒，身具東西混混之長，一時竟然紅極京城，在京城恃寵生驕，誣陷朝臣，結果讓葡萄牙使團的處境更加孤立。但是假貨到底就是假貨，不久，麻六甲流亡國王的特使到達北京，報告了麻六甲亡國的經過以及葡萄牙人在麻六甲幹下的暴行，還揭穿了火者亞三等冒充麻六甲使臣的真面目。

最後令葡萄牙人陷入絕境的是比較縱容他們的明武宗突然駕崩。失去皇帝支持的宦官江彬，成了眾矢之的，不久便被新皇帝下令處決。皮雷斯失去後臺，日子越發難過。不久，演戲穿幫的火者亞三被捕下獄，明廷的東廠西廠錦衣衛可不是吃素的，對付亞三這種混混真是大材小用，一套小刑還沒用完，亞三立刻供認不諱，招了自己本是華人，「為番人所使」，遂被按律處斬砍了腦袋；皮雷斯及其使團也「絕其朝貢」，被逐回廣州。在使團回到廣州之前，敕令已經到達廣州。廣州當局拘捕了華斯古‧卡爾沃及其他幾個繼續留在廣州城的葡萄牙人，並且扣押了幾艘自北大年和暹羅到達的葡萄牙商船。與此同時，廣州當局已準備好一支武裝船隊，將尚停泊在屯門的葡萄牙商船封鎖起來。

西門強盜在屯門胡作非為，此刻開國遺風尚存的明人哪吃這一套，當即令廣東海道副使汪鋐率軍剿殺「佛朗機」海盜，於是雙方在屯門展開中葡間第一次海戰。

⚓ 大戰葡萄牙紅毛

　　1521年（明正德十六年）8月底（此時嘉靖皇帝已繼位），時年56歲的廣東海道副使汪鋐（相當於廣東水警區警備副司令，少將級別）奉命驅逐佛朗機人。他能調動的兵力為廣東沿海衛所的部隊，總計有數萬人。而葡萄牙人的兵力，最多不過700～800人。

　　在完成備戰後，汪鋐對葡萄牙人宣詔，要求葡人儘快離去，但葡人對此並不理會。於是汪鋐派軍隊驅趕葡人，這下官兵可遇到真正的江洋大盜了，紅毛悍匪武裝抵抗。汪鋐親率十餘倍之軍民猛攻葡人船隊，岸上更有大批中國老百姓擂鼓助威看官兵剿匪。此時又有科略埃及雷戈兩紅毛賊頭，各帶兩艘大船前來援助葡人，一陣陣猛烈的西洋火炮轟得明廷海軍目瞪口呆，海面水柱林立，明軍小船根本不能近身，最終因葡人火炮猛烈而敗陣。

　　官兵打不過強盜，此事在中國本也尋常，但連紅毛鬼也打不過，如此稀奇多少讓人有些鬱悶，看熱鬧的老百姓只好議論紛紛，悻悻散去。

　　汪鋐在第一次進攻失敗後，心情憂悶，難以入眠。蠻夷紅毛，如此刁蠻，豈有此理，乃秉燭夜讀《三國演義》，尋找破敵之策。看至周公瑾火燒曹營時，不禁靈光乍現，大受赤壁之戰啟發，火攻！

　　於是汪副司令重新制訂作戰計畫，將廣東水警區破爛艦艇掏空，準備了一些裝滿油料火藥和柴草的小舟，待某天刮起很大的南風，汪鋐率軍士4000人，船隻50餘艘再次攻打葡人船隊。明軍先將一些填有膏油草料的船隻點燃，只見火船快速借風勢朝葡人船隻駛去。這時的西方艦艇畢竟也還不是後來炮彈都打不進的鐵甲艦，木頭做的船再

厲害，總歸還是怕燒。葡人船隻巨大，轉動速度緩慢，無法躲開火船進攻，結果還真給汪鋐點著一艘！這艘葡船很快成了一隻超大號的蠟燭，葡人頓時大亂。明軍不禁士氣大振，汪鋐又趁機派人帶上木工器具潛入水下，將未起火的葡人船隻鑿漏，葡人紛紛跳海逃命。這可能是中國海軍最早的一次蛙人特種作戰。然後汪鋐命軍士躍上敵船與葡人打接舷戰，結果西洋拳不敵中華武術，葡人大敗，剩下 3 艘大船，在 9 月 7 日趁天黑逃到附近島嶼藏身。天亮後，風向逆轉，葡人才借強勁的北風勉強逃過明軍的追擊，逃回已竊據的麻六甲。至此，明廷收回被葡人盤踞的屯門島及經常滋擾的屯門海澳及葵涌海澳。

屯門海戰結束後，明政府下令水師見到懸掛葡萄牙旗幟的船隻就將其擊毀，又在新會縣西發生茜草灣之役，葡人再次遁走。

雖經過兩次失敗，但葡萄牙人並未放棄，改為侵擾福建及浙江沿海，終於在 1553 年和明朝官員達成協議，得以入居澳門。早期還是搭建棚屋作臨時棲身之所，後來才漸漸運送磚瓦木石搭建永久屋，於 1557 年才形成一個稍有規模的葡萄牙人（外國商人）居留地。直到 1999 年，中華人民共和國政府方從葡萄牙手裡收回了澳門管治權。

概括中外多種史籍記載，我們知道汪鋐率領明軍擊潰葡萄牙人，是經過多個回合反覆戰鬥得來的。一開始汪鋐並不知道西洋火器的威力，葡萄牙人憑藉手中先進武器的優勢火力據險而戰，使明軍在交戰初期戰敗。之後汪鋐在劣勢裝備條件下，依靠兵員充實和本土作戰優勢改速決戰為持久戰，將葡人長圍久困將近 1 年。之後，明軍利用颱風或暴風雨的惡劣天氣，在火銃威力不易發揮之際，全線出擊打敗了對手。毫無疑問這是一次代價大而收穫少的勝利，西門的 4 艘船有 3 艘逃出了包圍。明軍應該僅僅是佔領了空蕩蕩的屯門島而已。屯門之

戰使明朝認識到蜈蚣船和佛朗機銃的威力，在引進方面下了很大功夫，同時也為緊接著的茜草灣之戰取得勝利積累了戰爭經驗。

中葡的第一次交戰其實已經為中華民族敲響了歷史的警鐘。一個人口不到百萬的歐洲小國，十來條帆船遠跨大西洋、印度洋、西太平洋三大洋，直接到一個人口近億的東方大國海岸安營紮寨。而明朝當時國勢方強，汪鋐動用數萬兵馬，還有當地大批百姓協助，以如此強大的軍事力量，剿殺 800 名佛朗機海盜，竟只能長圍 1 年，其間還敗跡海上，最後只能以古老的火攻方式逐走佛朗機。西門遁走時主力艦隊未傷筋骨，只棄船一艘。這實際上已經說明，鄭和之後僅僅 60 年，明廷的海防力量就已經從稱雄大洋，退化到面對西方海上力量時，連近海保衛戰都打不了，而只能打海岸防禦戰了。所以當時的嚴酷事實是面對佛朗機的堅船利炮，明廷早已經丟失了近海制海權。

此役明軍最大的收穫就是繳獲了西洋先進火器「佛朗機炮」，佛朗機炮是 15 世紀後期至 16 世紀初期流行於歐洲的一種火炮，能連續開火，彈出如火蛇，又被稱為射炮。當時是由葡萄牙人傳入中國的，明代稱葡萄牙為佛朗機，所以就將此炮命名為佛朗機炮。佛朗機炮慢慢演變成一種鐵制後裝滑膛加農炮，整炮由三部分組成：炮管、炮腹、子炮。開炮時先將火藥彈丸填入子炮中，然後把子炮裝入炮腹中，引燃子炮火門進行射擊。佛朗機的炮腹相當粗大，一般在炮尾設有轉向用的舵杆，炮管上有準星和照門。

在綜合利用了間諜和戰場繳獲的雙重手段後，明軍終於弄到一批葡人的先進武器和製造技術，佛朗機炮就此傳入，到了嘉靖八年，「始從右都禦史汪鋐言，造佛朗機炮，謂之大將軍，發諸邊鎮」。

因為佛朗機炮重火力猛，只能在葡萄牙人的「蜈蚣舟」上才能

用，所以葡萄牙人的「蜈蚣舟」也被明軍仿製了。

其實佛朗機炮在當時的歐洲已經不算先進火器，但對東方的明朝來說卻是絕對的先進兵器，明軍很早就吃過西洋火器的大虧。1493年，就有一批番夷侵擾東莞守禦千所的領地，千戶袁光率軍圍剿，在岑子澳中彈身亡，這批番夷的身份一直沒搞清，但從當時的背景分析，即很可能是葡萄牙人。

所以連後來主張將葡人逐出澳門的平倭名將俞大猷雖對葡人的西洋冷兵器嗤之以鼻，認為：「此夥所用兵器，惟一軟劍，水戰不足以敵我兵力之力，陸戰則長槍可以制之無疑。」俞大猷這話是說得非常客觀的，想想看，以世界名刀東洋武士刀的精良，和倭寇刀技的超群，尚且被戚家軍的狼筅穿得無路可逃，鴛鴦陣一結，100 名訓練有素的義烏兵，絕對可以把 1000 名葡萄牙軟劍手戳得渾身是洞。用刀劍對砍，明廷軍隊不會畏懼任何對手，可惜這已經不是時代潮流了。

但對葡人的火器，俞大猷照樣讚不絕口：「惟鳥銃頗精，大銃頗雄。」這位與戚繼光齊名的名將，也認為葡人火槍製造精良，火炮雄武有力。明末時，明廷徐光啟等人更通過澳門葡人買到了威力更大的紅夷大炮（據說這批 20 多門紅夷大炮來自觸礁沉沒的英國商船），並火速發往東北前線抗擊八旗鐵騎，結果袁崇煥用紅夷大炮要了後金老汗王努爾哈赤的性命，終於守住了錦州，讓明廷又多苟延殘喘了十餘年。

而葡萄牙人也從交火中吸取了足夠的教訓，皮雷斯大使出訪中國前曾於 1515 年，在《東方簡誌》中輕蔑地記下了他聽到的對中國人的傳聞：「麻六甲總督欲制服中國並不需要人們所說的那麼大力氣，因為他們弱不禁風，不堪一擊。常去那裡的人們及船長們說，率數十大船攻克麻六甲的印度總督不費吹灰之力便可拿下中國沿海各地。」

　　而真實的結果卻是，皮雷斯大使反而吃起了「弱不禁風，不堪一擊」的中國人的牢飯，直到被關死。此前葡萄牙人在非洲西岸探險的 80 年裡，基本上可以順利地與非洲部落酋長聯合，和平地進行黃金、象牙和胡椒貿易，並令土著居民基督教化和歐洲化。抵達印度洋之後，他們面對組織嚴密的商業網絡和具有高度文明的穆斯林，非但不似以往那樣輕易地可以擠進商貿圈，還受到公開挑戰，於是便發揚十字軍精神，使用武力征服，左拉右打，逐個擊破，摧枯拉朽一般將阿拉伯人的政權和商業網摧毀。當葡萄牙人試圖以征服者的姿態進入大明國的時候，則遭受到前所未有的挫折。沉痛的教訓也使葡萄牙人認識到，明廷組織嚴密，幅員遼闊，軍事力量雄厚，與其在非洲和印度洋碰到的諸國截然不同，所以葡人此後雖不捨商貿巨利，在中國沿海亦商亦盜，但終於還是通過多種手段與明廷相互妥協，老老實實與明人做起了正當生意。以後葡人與明人商貿互利，你來我往，日久生情，明朝覆亡時，一些駐澳葡人不忍老主顧亡國，竟發揚國際主義精神，憤而拔刀相助，志願加入中原內戰，腰插西洋軟劍，肩扛小號佛朗機參加南明小朝廷救亡軍，直接對著南下清軍開火，此事按下不提。

⚓ 大戰荷蘭紅毛

　　葡萄牙雖然是大航海時代的先驅，但它通過海商巨貿走向鼎盛的同時，因為國力不足，走向了衰敗。葡萄牙人口太少，不過百萬，海外基地卻遍佈全球，最高時全國 40% 的人口包括所有的精英全部用在海洋事業上。它的海外人口除了經商、作戰、傳教外，已經無力進行基本的殖民開拓，所以根基飄浮。費盡千辛萬苦建立的同時，面對失

去印度洋貿易權而一心復仇的阿拉伯人、被當成奴隸使喚的印度人和他們的穆斯林盟友，還有歐洲其他諸強的覬覦。所以，以葡萄牙如此單薄的國力，支撐一個如此龐大的壟斷性商貿帝國，它們的下場只能說是「懷璧其罪」了。果然，利用美洲金銀坐大的西班牙帝國，乾脆於 1580 年攻進了葡萄牙本土，結果在威逼之下，葡人議會只好眼淚汪汪地同意西班牙國王菲利浦二世兼任葡萄牙國王。葡萄牙本土尚遭如此大難，其自達伽馬時代開創的東方商貿網就更不待言了，本來被葡人壟斷的東方貿易秘密很快為西人所共知，於是，一撥又一撥西班牙人、荷蘭人、英國人，各種國籍不同的「紅毛鬼」都從大西洋駕船趕集一般，跑到大明帝國沿海來亦商亦盜地淘金。焦頭爛額的明廷為了捍衛自己的海防安全，驅逐不成只得動用武力，於是，又先後爆發了 1624 年明朝與荷蘭人之間的澎湖之戰，和 1661 年鄭成功驅逐荷蘭人拿下寶島的臺灣之戰，這兩次海戰與中葡屯門的海戰一起，是 1840 年中英鴉片戰爭之前，中西方之間最有影響的三次大海戰。

在澳門的葡萄牙人將荷蘭人的闖入視為對他們與大明貿易權的嚴重挑戰，他們擊退荷蘭艦隊且毫不留情地處死了所有俘虜，當時的澳門總督就因擅殺罪受審查，他振振有辭地向葡萄牙當局申辯說：「如果我們不阻撓，荷人就會在大明得到一個貿易港，荷蘭商船會把大明貨物裝滿到桅杆上。」

荷蘭人當然不甘心這樣從大明沿海退走，轉向臺灣海峽的澎湖，企圖在那裡建立一個海上基地，當時明廷在澎湖沒有常駐部隊，只有巡防汛兵。此時汛兵剛好撤走，荷蘭人韋麻郎率領兩艘巨艦和兩艘中舟於 1604 年 7 月抵達澎湖。

荷人盤踞澎湖 4 個月後，50 艘中國戰船突然出現在海面，寡不敵

眾的荷人只得乘船退走，回去搬救兵。

1622 年 4 月 10 日，巴達維亞總督庫恩派遣雷耶斯佐恩司令率領 16 艘戰艦（內有 4 艘英國船，雖然英荷兩國為爭奪海上霸權正在歐洲海面咬成一團，但在打開中國大門這件事情上，英荷兩國利益是高度一致的），1024 名士兵，準備進攻澳門。其中一艘戰艦艦長邦特庫後來留下了一部著名的《東印度航海記》，裡面就記敘了這次中荷交戰的經過。

登陸前荷軍艦隊司令下令升起軍旗，然後慷慨激昂地傳諭眾官兵：「為了取得對華貿易，我們有必要借上帝的幫助佔領澳門，或者在最合適的地方，如廣州或漳州建立一個堡壘，在那裡保持一個駐地，以便在中國沿海保持一支充足的艦隊！」

此時駐澳葡人紮根中國多年，商貿互利之下，外加大量金幣和西洋美女的糖衣炮彈猛轟，明廷地方官員與葡人簡直做生意做成了哥兒們，明廷甚至曾多次借用澳門葡萄牙人來清剿中國海盜。因此在有義氣重感情講誠信守信用的明朝政府支持下，佛朗機紅毛毫不示弱，對著荷蘭紅毛大銃小銃齊放。佛朗機紅毛到底是經營澳門多年，而且武器性能相差不大，都是彼此知根知底的西番，對對方招數胸有成竹。一番激戰之後佛朗機紅毛終於逐走正在鼎盛時期的「海上馬車夫」們。明廷取得了紅毛內訌的勝利，守住了澳門這個彈丸之地。

應該說，華人這種真誠待友，不貪巨利，不棄舊交的騎士精神也贏得了此時已日落西山的葡人的高度尊敬，澳門葡人也為極度封閉的明清政府提供了唯一一個瞭解世界的視窗。正因如此，滿清仍然默許了澳門葡人的特殊商貿地位。

而華人也沒有忘記，在清末帝國主義掀起瓜分中國的侵略狂潮

中，在當時極其混亂複雜、中國隨時可能解體、而且英法等諸強同時插手的情況下，葡人同滿清政府於 1887 年簽訂了《中葡里斯本草約》和《友好通商條約》，商定澳門由葡萄牙管理，但主權仍歸中國。雖然這也是一個乘人之危、損害了領土主權的不平等條約，但與其他巨額割地賠款的不平等條約相比，這個條約的危害的確要小得多。任何一個治學嚴謹，嚴肅認真的中國歷史學者，如果認真分析了當時中葡簽約的大時代背景，都不能不說葡萄牙政府當時的確是採取了非常克制和比較友好的對華態度的。這種態度的一個佐證，就是八國聯軍的名字中，也沒有最早進入中國沿海的葡萄牙的名字，而中葡雙方相互的友好態度，也為中華人民共和國與葡萄牙共和國於 1999 年澈底解決澳門問題打下了良好的基礎。在今天的澳門，葡萄牙遺跡和文化仍隨處可見，澳門葡人也沒有感覺到任何歧視，仍然在華人世界過著平靜自由的生活。

　　澳門戰鬥過後，登陸的 800 名荷蘭士兵有 136 人陣亡，126 人受傷，40 多人被俘。被擊退的荷蘭人開始執行第二方案：「在最合適的地方，如廣州或漳州建立一個堡壘」，最後他們選擇了 18 年前的澎湖。1622 年 7 月 11 日，艦隊司令率士兵 900 人登陸澎湖。這時正值明軍汛兵又撤回大陸的空白期。

　　庫恩總督認可了這一行動，特別要求司令攻擊附近所有的明人船隻，把俘獲的水手送到巴達維亞作為勞力使用。他確信「對明人無理可講，唯有訴諸武力」。在這種命令下，荷蘭軍艦到處襲擊大明的居民和民用船隻，在很短的時間裡，就搶劫了 600 條華人船隻，擄掠了 1500 多名壯丁為奴隸。

　　8 月起，荷蘭殖民者開始強迫抓來的華人奴隸在澎湖興建紅木埕要

塞，後來又在白砂、八罩附近興建類似的堡壘。這些堡壘多為每邊為56公尺的方型城堡，每堡安置火炮29門。紅木埕要塞歷時3個月完工，1500名華人奴隸在這3個月中累死、餓死了1300名，倖存的270名被送往巴達維亞作為給庫恩總督的私人禮物，其中最終抵達的只有137名，其餘均死於途中。

荷人佔據澎湖群島後，在此設立基地威逼明廷貿易，明朝福建當局堅決不允。堂堂天朝竟被紅毛要脅，這還了得？真不知天高地厚！結果荷蘭司令一不做二不休，乾脆派出8艘戰艦攻擊福建廈門，荷艦數百門大炮輪番猛轟，迎戰的明軍水師被打得四分五裂，根本不能近身，結果荷軍一舉燒毀擊沉大明戰船和商船7、80艘，荷蘭人竟只有十餘人傷亡，然後荷蘭人還窮凶極惡地封鎖了漳州海口。這一次，明廷終於見識到了紅毛船堅炮利的真正威力。

這時，由於上百年毫無間斷的大規模遠洋航海實踐，和西方海上列強相互之間的慘烈攻伐的巨大推動，西方的造船技術和火炮技術已把明軍遠遠拋在後面。西方的帆船和航海技術在全面超越中國的基礎上又有長足進步，這一時代最重要的海戰戰術發明就是舷側火炮發射技術。

大炮上戰艦是海軍武器發展史的飛躍，雖然中國最早在船上也使用了火器，但僅此而已。火炮一直被固定在船頭和船尾的位置，不能靈活地瞄準射擊，艦炮技術發展一直停滯不前。諸多大炮使得船的穩定性變差不說，而且，一旦大炮開火，其巨大後坐力會使得船舶安全更加危險。

解決的辦法有兩個：一是提高艦炮鑄造的精度和鑄炮材料的強度；二是發明船舷炮門。這個好點子是一個英國人想出來的：詹姆斯·貝

克。他將火炮裝在下甲板上，此舉立刻大大增加了船載火炮數量，打開了風帆戰艦時代的大艦巨炮時代。貝克在船體兩側開出炮門，讓火炮能夠從兩舷橫向發射，這就大大提高了艦載火力密度。在不使用的時候，炮用帶鉸鏈的炮門蓋關閉。1512 年，伍利奇建造大哈里號已經開始採用這種設計。大哈里號是英國國王亨利八世時的海軍旗艦，它的排水量超過了 1000 噸，仍保留中世紀的傳統模樣：裝有 4 根桅杆，前桅和主桅掛橫帆，後桅和尾桅掛大三角縱帆。大哈里號最引人注目之處，還是其高聳的首尾樓。船的武備也開始完全擺脫過去的冷兵器時代，火炮的口徑不大，但數量眾多，有 122 門（又說 128 門）。而直到明末最強大的鄭成功艦隊的主力戰艦「大青頭」仍然只在船頭船尾各設一門火炮，中國軍艦的火力強度與西方軍艦相比，相差已不可以道里記。

　　這個時候，真正意義上的「軍艦」誕生了。在「冷兵器」時代，海上作戰的方式主要是接舷格鬥，那時的戰船主要是一種運兵船的作用。而火炮的大量使用，使海上作戰的基本方式有了革命性的變化。船舷炮門的發明，更使得戰船成為了專門作戰的「專業戶」——軍艦，再也不是隨便什麼船都可以客串一下的。所以，以後數百年間，西方是在用軍艦跟中國的海防運輸船作戰。

　　這時西方在深入瞭解東方民族的遠洋船型後，也已搞出了糅合西方橫帆船（利於在狂風中遠航）和東方縱帆船（利於逆風航行）各自優良性能的全裝備帆船，其帆船可操作性和航行能力也迅速超過中國帆船。而更大的進步則是船舶噸位的急劇增加。1588 年西班牙遠征英國的「無敵艦隊」共有船艦 130 艘，其中 20 艘四桅大船、44 艘武裝商船、23 艘圓船、22 艘差船、13 艘輕帆船、4 艘中船和 4 艘長船（其中

真正的戰艦約 60 至 70 艘），總噸位 57868 噸，火炮共計 2431 門，海員 8051 人。船上共載陸軍 19000 人，加上其他人員總計 6 萬多人，其中 1000 噸以上的四桅大船就有 7 艘，500 到 1000 噸的有 50 艘之多！而迎戰的英國海軍 1000 噸以上的大船也有 2 艘，500 噸以上的有 11 艘，而 100 噸到 500 噸的竟達 150 艘之多！

17 世紀，海上爭霸時代全面開始。西方造船業和海軍力量不斷發展，中國卻日益落後。1637 年，荷蘭擁有了製造排水量高達 1500 噸、裝有 100 門大炮的三層甲板的戰艦海上君王號的能力。到 1644 年，荷蘭擁有 1000 多艘各類船隻作為戰艦以保護商業順暢，1000 多艘大型商船進行海上貿易，6000 多艘小型商船用於捕魚業和內陸運輸業，擁有 8 萬多名世界上最為優秀的水手。

1639 年 9 月，西班牙艦隊在海軍上將奧奎多的率領下（旗艦是聖地牙哥號）出擊英國。這支艦隊的實力大約有 70 艘船，其中有 12 艘排水量超過了 1000 噸，如聖特勒薩號為 2400 噸。

英國海軍的戰艦則從 1649 年的 39 艘猛增至 1651 年的 80 艘，其中大部分是二層甲板、擁有 60 至 80 門炮的巨型戰艦。

這時西方作為海上武力標準的主要艦船都有二層甲板、安裝 50 ～ 80 門火炮。裝有大炮的快速帆船也開始建造：一般排水量約為 400 噸、裝有 30 ～ 40 門炮。這種船結構堅固，操作靈活、火力強大。而同樣排水量的明清的最大戰船只能安放 2 門大炮和若干小炮，兩者火力根本無法比較。

以《紀效新書・治水兵篇》記載的戚繼光水師為例，一個水兵營中 4 艘福船 2 艘海滄船和 4 艘蒼山船裝備的主要兵器加在一起，才有 40 ～ 70 門火炮，也就是說，明軍訓練最優、裝備最精良的戚繼光水師

10 艘主力艦的火炮數，只能勉強和西方一艘小噸位快速帆船相比。而且中國艦載火炮的威力也大大小於西方，明軍最大口徑的船上大炮只相當於英荷等歐洲軍艦大炮的四分之一重量。1637 年英國海上君王號有炮 104 門，共重 153 噸，平均每門炮按明制為 2000 斤以上。

而且此時由於放棄遠洋船舶製造，明清時的船舶製造技術也大大退化，《天工開物》記載此時明清最大號的戰船福船仍是「帆檣兩道」，排水量最多不到 400 噸，這已經是明朝中後期能造成的最大的船隻了。明末清初最強大的鄭成功艦隊，其主力戰船排水量仍然不到 400 噸，火炮配備極少。由於造船技術落後，此時不僅載重量大的船隻不能建造，就連船體牢固程度也不如西洋船──大炮一發，就會「船震動而倒縮，無不裂而沉者」。火器發射產生的巨大後座力對小噸位的船隻影響很大，但到一開炮就會震裂船體的程度，也實在匪夷所思。因此在整個明末，水軍的主要戰術仍是傳統的衝角戰、接舷肉搏戰，火器只是輔助力量而已。所以，面對當時代表著西方最先進技術水準的荷蘭戰艦，明軍在廈門一戰中完全被荷蘭人打得目瞪口呆，不敢置信。

明軍福建水師將領朱文達則沉痛地總結戰事失利的教訓：「紅夷勇鷙絕倫，戰器事事精工，合閩舟師，不足攖其鋒。」也就是說，明廷整個福建水師的戰鬥力，也不是幾艘荷蘭戰船的對手。所以面對巨大的海軍裝備差距，明朝人把荷蘭戰艦看做自己無法對付的龐然大物和難以逾越的海上屏障：「我舟高大，不及彼五分之一，而欲與爭勝於稽天巨浸中，必無幸矣。」

明朝福建官方對於荷蘭人所持的「巨艦大炮」毫無抵禦之方，只有想法子以「互市」為餌，誘其退出澎湖，移舟遠去，以便用紅毛「揚帆歸國」奏報朝廷，了結此事。這時新任福建巡撫南居益到任，接

令把「紅毛」趕出澎湖。此時荷蘭人的戰艦封鎖了漳州海口，南居益親身體驗了荷蘭的「巨艦大炮」。明軍實在無法正面與荷蘭艦隊對抗。

終於南居益想到了中國古老的「計謀」，正面打不過，媽的，老子搞鴻門宴擒下紅毛！

1623 年 11 月 1 日，《東印度航海記》記載，這天有廈門的華人商人代表薛伯泉到來向荷蘭提議：福建商人願為荷蘭人和明朝官府斡旋談判做牽線人。在華商們的真情邀請下，荷蘭人同意司令弗朗斯率領兩艘單桅帆船前往廈門談判。11 月 15 日荷蘭代表抵達廈門，荷蘭人倒也不太傻，堅決要求談判在荷船上進行，在達成初步協議後，明朝的 3 名官員（敢死隊員，孫子兵法裡說的「死間」）上船作為人質，邀請荷蘭人派出幾位船長上岸會見都督見證簽署協定。荷蘭人經過會議後決定由弗朗斯司令率領 1 名船長 1 名商務長執行這項任務，陪同上岸的約有 30 人。荷蘭 3 名代表前往都督府會見，其他荷蘭人在岸上接受廈門官員的招待。

到底還是中了計。

據邦特庫的記載，在宴會中廈門官員使盡了灌醉下毒等諸多手段，但估計沒用鶴頂紅，因為荷蘭代表團隨即統統被囚禁，和前葡萄牙皮雷斯大使先生一樣吃起了牢飯。要用了鶴頂紅，那就只需要把荷蘭人埋在地裡了。隨後兩艘失去指揮的荷蘭單桅帆船便遭受到 50 艘火船的襲擊，其中一艘被燒毀。

這只是明軍和荷蘭人一系列衝突的開始，燒毀荷蘭船隻後，福建明軍開始集結，天啟四年正月初二日（1624 年 2 月 20 日）明軍正式誓師出戰，巡撫南居益親自從浮海至金門，下令渡海出擊澎湖。應該是明軍趁荷軍不備，搞了個大規模敵前偷渡，躲過了荷軍海上攔截線，

避免海上交戰，然後步兵直接登陸，步步為營，築壘推進，而且是南將軍親自率隊出擊！勇！但荷軍炮火厲害，攻擊行動很不順利，隨後在這個月內明軍只好再次派兵增援。

　　總之荷蘭紅毛為發大財，英勇頑強，死戰不退。因此在紅夷火炮的強大火力面前，明軍還是攻不動。到了 5 月份，澎湖仍未攻下來，要錢不要命的荷蘭人仍在堅守。明軍不得不再次增兵，《明熹宗實錄》記載：「南軍門慮師老財匱，于四月內又行巡海二道，親歷海上，會同漳泉二道，督發第三次接應舟師。委海道孫國禎，督同水標劉遊擊、澎湖把總洪際元、洪應斗駕船，於五月二十八日到娘媽宮前……」這肯定是足智多謀的福建省軍區司令南居益也無計可施，走投無路之餘，只好跑去拜媽祖了。

　　當時與荷蘭人私下貿易的海商海盜團夥都在躍躍欲試想要趁火打劫，趕去支援荷蘭人，一時間這幫亂黨紛紛嘯聚澎湖海域。副總兵俞咨皋曾就此事向南居益報告說：「今倭夷連和，奸盜黨附，我孤軍渡澎，賓主倒置，利害判于斯須，勝負殊難期必。事急矣！」

　　明軍必須加緊進攻了，戰事曠日持久，再膠著下去明軍糧餉都要接濟不上了。

　　拿破崙說過，拉上最後一個班，仗就打贏了，戰爭的勝利往往就在堅持最後 5 分鐘。明軍此時固然打得進退兩難兵疲將沮，荷軍卻也被明軍耗到了燈枯油盡無以為繼的程度了。南書記被荷蘭紅毛的頑強抵抗逼得哭喪著臉在媽祖娘娘前大磕其頭，但他卻不知道，守城的荷蘭紅毛，卻也被他的頑強攻擊逼得不停地在胸前畫十字兼親吻十字架了。

　　六月十五日（7 月 29 日），在得到新來的火銃部隊支援後（看來

明軍增援了被史達林稱為戰爭之王的炮兵部隊），明軍誓師總攻，在彈幕射擊掩護下一直打到風櫃仔的紅毛城下。當時炮彈威力還是太小，生鐵霰彈的爆炸力和穿甲深度還對付不了紅毛的石頭城牆，結果又打成僵持狀態。這時荷蘭新司令官孫克於 8 月 3 日抵達澎湖，他發現中荷危機正在擴大，形勢已十分嚴峻。

據《巴達維亞日記》記載：「白沙島駐有中國軍約四千人與兵船一百五十艘，以後兵數逐漸增加，至是月（指 8 月）中旬，增至一萬，進出澎湖島。荷蘭人雖將臺窩灣之砦破壞，調回其守備兵，然白人不過八百五十人，其中少年兵有一百十一人，病人亦屬不少，到底難以對抗。」

當時明軍堅強的戰鬥決心已使荷蘭司令對局勢有更深刻的認識，明軍擁有十比一的人力優勢，荷蘭人無論如何耗不過明軍！司令後來回憶：「中國人不但擁有 1 萬人及包括戰船、擊沉船、火船等合計戎克船 200 艘，而且中國對我方有令人難以置信之戎克船兵士等大量準備，蓋戰爭系奉中國國王之特命所行。」所以，孫克認為荷蘭方面沒有派來支援力量，自己部隊再繼續戰鬥下去已沒有希望了，必須以談判解決這場衝突（這是西方軍事傳統，不打無希望之仗）。

七月初三（8 月 16 日），明軍再次兵分三路，直逼夷城。荷蘭人發揮了紳士風度，舉起白旗同意撤離，恨恨地登船離開佔領了 2 年的澎湖。

這次戰役明軍揚長避短，不與荷蘭海上爭鋒，海上交戰的事蹟幾乎沒有，以自己的優勢陸軍來決定戰鬥勝負，再加上下毒灌酒，什麼手段都用，戰爭計謀方面做得的確不錯，又連續 3 次增兵，戰事拖延了 8 個月，擁有 10 倍於敵的兵力卻始終不能攻佔荷蘭人的要塞，最後

只能以圍困戰術逼退荷蘭人。費盡九牛二虎之力總算收回了澎湖。

　　但正處巔峰時期的荷蘭人怎會善罷甘休？1624年9月，荷蘭人舵盤一轉去了寶島臺灣，以此為基地發展他們的東亞貿易事業，其實就是走私。於是明末中國的海上力量逐漸由朝廷艦隊，轉變為了私人性質的海上武裝走私團夥！民間企業接受新事物就是比國家快，葡萄牙、西班牙、荷蘭人都是最好的老師，華人海商很快成了他們的好學生。他們自己組織船隊，購買葡萄牙、荷蘭船上的大炮，出沒在西方人的航線與港口。他們挑戰西方殖民者，同時對抗朝廷的圍剿，結果華人海商實力不斷擴大。李旦、顏思齊、鄭芝龍等海盜「大家」紛紛崛起於東亞海域。這裡最有名的海盜就是收復了臺灣的著名民族英雄鄭成功的父親鄭芝龍。

　　1627年明朝深感海盜集團之強大，曾聯合昔日的敵人荷蘭艦隊圍剿海盜集團。令人目瞪口呆的是，雖有強大的荷蘭艦隊配合助剿，朝廷水師還是幾乎全軍覆沒！

　　明朝此刻正面臨東北方後金急劇崛起的危機，本想三路出擊一舉鏟平後金老巢，沒想到後金汗王努爾哈赤來了個「不管幾路來我只一路去」，集中優勢兵力將明軍各個擊破，結果薩爾滸一戰明軍精兵強將盡沒，實力日衰，而且這一戰打出了努爾哈赤無往而不勝的強大自信心，從此視明軍為無物。明廷東北邊患日深，焦頭爛額之下，不得不與李旦海盜集團妥協。力不從心的朝廷開始用對付強盜的老招，「招安」這些無法無天的歹徒，唉，讓這些天不怕地不怕的狗強盜吃軍糧吧。曾幾何時，鄭和的艦隊縱橫四海，笑傲南洋，世事滄桑，大明200餘年的海禁剿海，如今竟淪落到與海盜合作的地步，令人唏噓。

　　不久，民族英雄鄭成功的父親鄭芝龍依靠海上貿易實力不斷壯

大，崇禎元年朝廷只好冊封鄭芝龍為「海上遊擊」（海軍少將）。鄭芝龍從海盜混成將軍，也算是修成正果。這也是中國海盜海商集團第一次得到官方合法認可。

鄭芝龍集團合法化後，開始學生打老師，全面與荷蘭人展開貿易競爭，企圖壟斷東亞海上貿易，這也無可厚非，這兒本來就是華人的海。所以還真不能說鄭芝龍跟荷蘭人搶碼頭是師出無名，當然說這位前海盜頭子統帥的是正義之師也有點勉強。

1633 年深秋，荷蘭艦隊炮擊中國海岸守軍，燒毀停泊在廈門港內的 30 餘艘中國船隻。遊擊將軍鄭芝龍號令 150 艘閩粵水師圍攻荷蘭艦隊。

鄭芝龍的艦隊糾集了大批福建不想正經種地的地痞流氓（在明清兩代，只要不當官不種地，就不能算是正經人），甚至還有一些鄭芝龍的日本哥們兒當志願軍。鄭芝龍性格豪爽，在日本黑道也有相當大的影響，穿和服的日本老婆都有好幾個，民族英雄鄭成功同父異母的兄弟姐妹還不少呢，明人還讚歎戰鬥中這些日本黑幫表現得相當的勇悍。而且鄭芝龍是用西式的船艦大炮跟荷軍巨艦對轟，這樣與西洋巨艦海上爭鋒的壯舉和戰鬥精神的確是明朝正規軍遠遠不及的。明代儒士雖然瞧不起鄭將軍的流氓艦隊，但在記載中也不得不承認鄭芝龍當時在海戰中未落下風，這已經是中西海上接觸後非常了不起的事了，但更了不起的事還在後頭。

崇禎六年（1633 年）九月十五日，鄭芝龍立下戰書邀約荷蘭人決戰。九月二十日（10 月 22 日），荷蘭艦隊聯合另一個不肯修成正果的華人海盜劉香老艦隊，雙方在金門料羅灣決戰。這可是場真正夠水準的海戰！

　　《熱蘭遮城日記》記錄了當時的戰況:「天亮以前的十五分鐘⋯⋯（明朝）國家艦隊出現了,分成兩隊,其兵力約有 140 ～ 150 艘戎克船,其中約有 50 艘特別大的戰船⋯⋯它們看起來,配備有相當的大炮與士兵,士氣旺盛,躍躍欲試,使我們確信它們通通是作戰用的戎克船⋯⋯這時他們分別向我們靠過來,有三艘同時鉤住快艇 Brorckerhaven 號,其中一艘對他們自己人毫無考慮地立刻點火燃燒起來,像那些丟棄自己生命的人那樣瘋狂、激烈、荒誕、暴怒,對大炮、步槍都毫不畏懼地,立刻把該快艇的船尾燃燒起來⋯⋯快艇 Slooterdijck 號被四艘他們最大的戎克船鉤住,被他們跳進船來,有兩次把那些明人打出船外,但最後還是被接著跳進來的人數眾多的明人所擊破,而被他們奪去了⋯⋯我們率領 Bredam 號、Bleyswijck 號、Zeeburch 號、Wieringen 號與 Salm 號費盡力氣擺脫非常多的火船,向外逃去⋯⋯受到這場戰敗,我們的力量已經衰弱到本季在中國沿海不能再有任何作為了。」

　　據《巴達維亞城日記》所記,被俘虜的荷蘭人約計百人。可見,荷蘭這次海戰的確是損失慘重。要知道這些可都是跨越三大洋的老水手!當時從歐洲跑到中國沿海來發財,可不像今天坐飛機這麼容易,來一趟幾乎就得在海上漂 1 年!

　　據福建巡撫鄒維璉奏報的戰績:「計生擒夷眾一百一十八名,馘斬夷級二十顆,焚夷夾版(板)巨艦五隻,奪夷夾版(板)巨艦一隻,擊破夷賊小舟五十餘隻,奪盔甲、刀劍、羅經、海圖等物皆有籍存。而前後銃死夷屍被夷拖去,未能割級者,累累難數,亦不敢敘。」中方的戰果記錄應該包括與荷蘭人合作的海盜在內。

　　這一仗鄭芝龍集中優勢兵力,大量使用西式大炮對敵猛轟,兼用

火船貼身近戰發揮中華武術特長,打得確實漂亮。不過荷蘭人的戰艦僅九艘,大多是輕型的快速帆船——快艇,載炮只 10 門以下。鄭芝龍的艦隊主力仍是「戎克船」,並以 10 倍的數量優勢打垮了荷蘭政府與中國海盜的聯合艦隊。但不管怎麼說,這的確是明廷海軍與西方海軍交戰的第一次真正的大勝仗,不管是華人海盜鄭芝龍贏了荷蘭紅毛,還是明廷海軍少將鄭芝龍打垮了荷蘭海軍遠東分艦隊,總之華人贏了。其實就連威震四海縱橫七洋的大英帝國皇家海軍起家的時候,到底該算海匪團夥還是正規海軍,英國人自己也說不大清楚。鄭芝龍的身份之於明廷,就像海賊王德雷克與伊莉莎白女王的關係,德雷克到底該算女王陛下的英勇勳爵,還是女王陛下的御用兇惡海盜,如一定要伊莉莎白回答這個問題,恐怕女王自己也只能微微一笑。

在海上作戰,主力艦隊會戰的結果往往能決定戰爭雙方很長一段時間的海權歸屬,鄭芝龍料羅灣一戰就此奠定其東亞海上霸主的地位,這一戰完全可以看成是南居益大戰澎湖荷人的延續,至此,中國海盜終於奪回了明朝海軍丟失的西太平洋海權。

但是荷蘭人屈服於鄭芝龍的根本,是因為他們的歐洲老巢、荷蘭本土又被英法聯合打垮了。被強大的法國陸軍打得走投無路的荷蘭人當時只得打開世界聞名的荷蘭海堤,水淹法軍前進道路,整個國家都搬到船上過起了漁民生活,而海堤外就是虎視眈眈的英國艦隊,昔日的海上馬車夫此時也和葡萄牙一樣成了破落戶,否則以荷蘭鼎盛時的國力,恐怕是不會與鄭芝龍善罷甘休的。

明朝正朔覆亡後,鄭成功繼承了鄭氏家族的事業,此刻的東亞大海仍是鄭家的天下。為了在兵鋒極盛的清軍面前確保一個安全的後方和退路,鄭成功決定把荷蘭人驅逐出臺灣。1661 年鄭成功下令積極修

戰船，招募訓練水兵，僅兩個月時間就修造兵船 300 多艘，其中有大帥船、先鋒船、哨船等。兵船一般有二層甲板。主力戰船大青頭（船體多飾以青色）長約 10 丈，寬 2 丈 1 尺，高 1 丈 5 尺，吃水 8 尺，載重三、四千擔，總共只配備 2 門大炮，前 1 後 1。因為大炮都設在固定炮床上，要瞄準敵艦就得移動整個船體，作戰效率不高，可見鄭軍戰術仍是以量取勝。

荷蘭軍在臺灣守備十分嚴密，修城築堡，總兵力約 2800 人，戰艦有赫克托、斯·格拉弗蘭、威因克、馬利亞等甲板戰船，還有小艇多艘。主力艦赫克托，長 30 丈，寬 6 丈，豎 5 桅。下三層，裝有照海鏡（應該是帶某種測距功能的大型望遠鏡）、銅炮和二丈巨鐵炮，發之可洞裂石城。

1661 年 5 月 1 日的海戰中，鄭成功採取「以多擊少」的水面狼群戰法，派出約 60 艘各裝有 2 門大炮的帆船迎戰荷軍。在鎮將陳廣、陳沖的指揮下，鄭軍以傷亡 1000 多人的代價，用炮火引發荷艦火藥庫爆炸，擊沉了荷軍主艦赫克托號，又用火船焚毀格拉弗蘭號，荷軍平底船白鷺號和馬利亞號見勢不妙，分別逃往日本和巴達維亞方向。通過海戰，荷軍力量遭受重創，尚存幾艘小船逃進臺灣城下，再也不敢出戰。

鄭軍以數量優勢奪得臺灣海峽制海權，自己也損失了近一半戰船。雖然戰術上損失比荷軍大得多，但取得了無可置疑的戰略勝利，就此一戰澈底拿下了海峽制海權，鄭軍主力開始源源不斷地被安全輸送到臺灣，其後的臺灣之戰就沒什麼像樣的海戰了。荷蘭殖民者有著和葡萄牙人一樣的問題：戰線太長，軍艦開到中國要跑 1500 海里以上；幅員太小，面積只有 25000 平方公里，真正的彈丸小國；人口太

少，從 17 世紀生到 2010 年，到現在也才 1600 萬人口。所以荷蘭要搞一個全球性的海上帝國，人力物力俱顯不足。

而且 1652 年後英荷戰爭一直在歐洲沿海展開，牽制了荷蘭人絕大部分精力和人力。1660 年後荷蘭人全力備戰第二次英荷戰爭，加緊建造大型戰艦。至 1661 年，荷蘭海軍已擁有 70 艘大型戰艦，平均裝炮 50 ～ 80 門。但這些戰艦必須留在歐洲對付英國人，歐洲本土是荷蘭根基所在，不可不保，不可能大規模支援臺灣，所以在遠東的荷蘭軍實力很有限，只能眼睜睜看著鄭成功攻下臺灣。如果荷蘭派出賴特那樣的老海將統率一支有 10 艘主力艦的分艦隊趕到遠東阻截，鄭成功是肯定上不了臺灣的。

從臺灣海戰中逃跑的馬利亞號船於 1661 年 6 月駛抵巴達維亞，向東印度公司報告了荷軍在赤嵌戰城戰敗和臺灣城被圍的消息。荷蘭駐巴達維亞殖民當局為挽回敗局，便派海軍統領科布‧考烏率領科克倫號、厄克號等 10 艘戰艦 752 名士兵以及夠吃 8 個月的米、牛肉和豬肉前去增援。經過 38 天的航行，於 8 月 12 日駛抵臺灣海面。當時正是颱風季節，風浪很大，近海的拍岸浪比遠海的湧浪更危險，荷軍在海上停留了近一個月之後，才有 5 艘戰艦在臺灣城附近海面停泊。

荷軍雖然得到的增援力量極其有限，但還是決定用增援的艦船和士兵擊潰鄭成功的部隊，並任命盧特‧塔華隆‧貝斯為總指揮，要求對鄭軍決不饒恕，見人就殺，不留一個。命令下得相當兇殘。其實這完全是荷軍不知死活，這時鄭軍登陸部隊已達 2 萬以上，對荷軍擁有至少 10 比 1 的兵力優勢！

9 月 16 日荷軍從海、陸兩路向鄭軍發起進攻。在海上，荷軍企圖迂迴至鄭軍側後，焚燒船隻。而鄭軍避開與荷軍艦隊正面海戰，隱蔽

在岸邊，當敵艦闖入埋伏圈後，立即陸海兩面萬炮齊發。經過 1 小時激戰，鄭軍以亡 150 人、傷若干人的代價，擊毀荷軍戰艦 2 艘，俘獲小艇 3 艘，荷軍損失了 1 個艇長、1 個尉官、1 個護旗軍曹和 128 名士兵，另有一些人負傷。總之荷軍沒占到什麼便宜。海上作戰和陸上作戰一樣，兵力優勢還是相當重要的。在陸上，荷軍幾乎沒有發起什麼像樣的進攻就偃旗息鼓了。說到底，中國軍隊只要發揮正常點，朝廷不是過分混帳，就從來不怕西方陸軍。

12 月 1 日，鄭成功令陳宣、陳沖用數十隻內裝硝磺等易燃物的小船乘風火燒荷軍船隻，黃安則督率一部從七鯤身夾攻，擊沉荷軍戰船 3 艘，擊斃擊傷荷軍多人。至此，荷軍海上力量基本被摧毀，岸上陸軍只能坐以待斃，鄭成功收復臺灣已成定局，大明海軍打贏了第三場與西方海軍的戰鬥。鄭成功從荷蘭殖民者手裡收復寶島臺灣，從此成為歷史上赫赫有名的民族英雄。此後康熙遣鄭軍降將施琅復台，這只是一場內戰，是兩大封建王朝明亡清興興廢內戰的最後延續。

明初沿海的防衛還算是比較周密的，海上有戰船巡哨，陸上有衛所軍隊防守，巡檢司馬兵盤查，其間更有鄭和的海權極盛期。到了嘉靖年間，戰船所剩無幾，軍隊缺額半數以上，所存士卒又都是老弱殘疾不堪作戰之輩，既不能防禦倭寇於海上，使其不能登陸，又不能在陸上堵截圍剿，將其消滅。海防形同虛設，倭寇海盜紅毛夷如入無人之境，可以任意燒殺劫掠。

綜上所述，明代中晚期海軍要想迎戰西方艦隊，必須至少集中對方船隻 10 倍以上的數量才堪一戰。平倭名將俞大猷就總結說：「一賊所恃者，龍頭劃然，賊不過一二十只，我兵用則七八十只，以多制寡，何患不取勝。」這種以量勝質的戰術思想，是與中國傳統「兵貴精

不貴多」的精兵戰術思想完全背道而馳的，俞大猷這樣的赫赫中華名將提出這樣的「船海戰術」，那也實在是被落後的艦船和火器逼得迫不得已。

當時中國海軍與西方海軍最有效的作戰手段，竟然還是順風漂送火船攻擊敵艦的古老「火攻」戰術，西人堅船利炮，明人只能火船迎之。俞大猷就總結過：「一戰賊大船，必用火攻。」所以明軍1521年屯門一戰佛朗機用火攻，1624年澎湖二戰荷蘭紅毛用火攻，到1661年鄭成功攻下臺灣還是得用火攻。曾有這麼一本日人所著小說《鄭成功》中，日人甚至說是鄭成功同父異母的日本姐姐混上了荷蘭主力艦赫克托號，在火藥庫裡放火炸沉了這艘荷軍巨艦，可見日本人到現在也不相信明軍有擊沉當時西方主力艦的實力。

中西海上戰艦的規模、武器和各種技術方面在明末都有了巨大的差距，這種差距導致中國在應付海上入侵時的被動局面。明末清初中西方的海上武裝衝突都是在中國沿海發生，海上大門已是狼煙四起，海防敗局已顯，悲夫。

所以臺灣歷史學家張存武在總結明代這段海防歷史的教訓時說：「故葡人之東來才是中國數千年來未有之變局。由此而論，治鴉片戰爭而後之中國近代史者，實不宜忽略1511年至鴉片戰爭間這段近代中國初期歷史。」

澳門歷史學者金國平和吳志良則說：「直至明初，中國的造船技術及航海能力仍遙遙領先世界。鄭和下西洋，將中國的威望及影響推向極點。正統之後，國力衰退，加之民間禁造航海大船，中國漸失對南洋及印度洋的控制權。葡人趁此機會，迅速將其勢力範圍擴至印度洋。從鄭和船隊停航的15世紀30年代至葡人揚帆東來的16世紀初，

這80年決定了中國今後幾百年的歷史走向。中國之衰，衰於文化之頹勢及航海能力之萎縮；葡人之盛，盛於文藝復興之新智及其堅船利炮。西方的堅船與利炮早在鴉片戰爭前數百年便由葡人傳入中國。中國曾仿造佛朗機或據之改良原有的火炮，廣泛用於國內外戰爭。明朝末期，澳門葡萄牙人曾派人攜炮參加明、南明軍隊對滿清的作戰。鴉片戰爭之前，歐洲四個航海先鋒——葡萄牙、西班牙、荷蘭及英國之間在亞洲的貿易、政治及軍事衝突已將中國捲入世界性的漩渦之中了，鴉片戰爭的陰影已在1840年前幾百年投向中國，但朱明、滿清時代的中國不曾對此有足夠的認識。而且問題的根本在於明人對西方戰船的先進認識只看到了表象，對大航海時代影響世界歷史進程的關鍵性問題缺乏根本認識。同時，明朝人對西方技術先進性也認識不足。此時西方技術進步表現在多個方面。造船、紡織和兵器製造在歐洲都處於領先地位。但明朝人對西方長技之學習僅限於火炮一項，對其造船技術卻未加借鑒。由於雙方艦船不處在同一水平線上，導致明人在中西海戰中常常力不從心，中國沿海的制海權如同漏洞百出的破網，西方戰艦常常可以隨意來往。正是朱明及隨後的滿清固步自封，自高自大，除了認為西人船堅炮利之外一無是處，所謂『化外蠻夷』，中國與之通商只不過是『施恩』而已。」

歷史當時留下的最重大的教訓是，明人雖然體會到西方炮艦技術的進步與威力，看到了西方列強到處擴張的蠻橫與威脅，但因為華夷之辨思想根深蒂固。在此思想指導下，明朝國人自恃文明發達，夜郎自大，視外來民族為蠻夷之邦，輕視有餘，重視不夠，直接制約著中西雙方的政治、經濟、文化商業等交流。到了鴉片戰爭時期，西方風帆戰艦技術已至頂峰，「日不落帝國」的實力已可集中萬餘兵力和百艘

戰艦來到中國沿海，中國人單純的數量優勢已無法彌補炮艦技術和火力的差距，任何計謀和航海戰術都已無法扭轉被動挨打的局面了，那麼中國的沿海就真的「有海無防」了，悲劇般的中國近代史正式拉開了帷幕。

第 三 章

泰西有夷英吉利

明崇禎十年（1637 年），風雨飄搖的明廷正被東北急劇崛起的後金、內部此起彼伏的造反農民和接二連三的天災搞得焦頭爛額，正在愁眉苦臉的崇禎皇帝對著一大堆噩耗奏報哀聲歎氣時，屋漏偏逢連夜雨，南方也傳來不幸消息，又一批來歷不明的紅毛在一個名叫威代爾的頭領指揮下居然乘坐戰艦直接闖進珠江口，連續炮轟虎門炮臺。

這次來的是英國紅毛。

⚓ 大開歷史倒車

　　當時已經崛起的海洋新霸英國人決定另闢蹊徑，打開對華貿易局面，企圖借助於長期壟斷對華貿易的葡萄牙人打入中國市場。17 世紀初，葡萄牙人在遠東的商業霸權已經衰落，他們的商船在遠東屢次遭到荷蘭艦隊的劫掠，也想聯合英國人的力量以牽制荷蘭人。1635 年，英國東印度公司同果阿的葡萄牙總督達成協議，葡萄牙人同意英商自由出入澳門從事貿易。同年 12 月 12 日，英王查理一世頒佈訓令，任命威代爾上尉為指揮官，率領 6 艘船艦前來中國。威代爾船隊於 1636 年 4 月 14 日從倫敦起航，11 月 7 日到達果阿，與葡萄牙果阿總督交涉前往澳門貿易問題。1637 年 1 月 17 日，威代爾船隊離開果阿，6 月 27 日，船隊到達澳門以南的十字門外停泊。英國商船的到來使澳門葡人憤怒萬分，因為這時澳門與果阿、里斯本的貿易航線已被荷蘭艦隊所阻截，航行十分困難，澳門葡人只能維持到長崎和馬尼拉的貿易航線，而且同長崎的貿易也將因日本頒佈鎖國令而被迫停止，這樣就只剩下與馬尼拉一處仍然保持密切的貿易關係，但貿易額每年仍達 100 萬兩。如果任由英國人開闢中國市場，打破其對中國外貿的壟斷，則葡人僅存的一點貿易利益也將喪失。因此，澳門葡人拒不執行果阿總督的指示，不允許英國人分享澳門的貿易特權。然後葡人又在早就是酒肉哥們的廣東地方官員面前極力詆毀英國人，說他們就是荷蘭人，企圖前來搗亂。由於當時荷蘭與明廷關係極為緊張，海上衝突連連，不明底細的明廷拒絕與威代爾交易，澳門葡人更是火上澆油，又從澳門派出巡邏艇在英船附近巡弋，阻止英國人進行貿易活動。

　　威代爾看到澳門貿易已無希望，便於 7 月底啟程前往廣州。8 月

8日，英船到達虎門亞娘鞋停泊，虎門炮臺守軍鳴炮示警。威代爾蓄意挑起事端，馬上露出英國海軍前輩德雷克們海盜的猙獰面目，下令扯下聖佐治貿易旗，升起英國軍旗，隨即指揮船隊炮轟虎門炮臺。四艘風帆戰船側舷數百門火炮連番射擊，空前猛烈的炮火打得虎門明軍屍橫遍地，然後威代爾下令登陸攻擊。攻上炮臺後，英軍扯下中國軍旗，掛上英王旗幟，並拆下虎門炮臺35門大炮，作為戰利品搬到船上。廣州當局派葡人諾雷蒂交涉，威代爾才把大炮歸還，同時派出兩名商人隨同諾雷蒂前往廣州。他們攜帶西班牙銀幣22000里爾，以及2小箱日本銀幣，作為購貨之用，但英船卻繼續深入廣州內河。

這種侵犯主權的行為，激起廣州當局的憤怒。9月10日，廣東海防當局派出三艘戰船衝向英國船隊，發射火炮和火箭，迫使英船倉皇溜走。但威代爾對侵犯內河不僅毫無自責之意，反而變本加厲地濫施暴虐。19日，在虎門地區縱火燒毀了3艘明人帆船，焚毀一個市鎮，搶奪30頭豬。21日，又攻佔並炸毀虎門亞娘鞋炮臺，焚毀了大帆船一艘。

威代爾幹了如此之多的壞事，也覺得不好意思再同明廷打交道，便將船隊駛行澳門，請求葡人出面轉圜。11月22日，英商在廣州答應明廷的要求，賠償白銀2800兩。30日，威代爾向明朝官員提交了一份保證書，對虎門事件表示歉意，並保證完成貿易後即行離去。據此，廣州官員決定對其不予追究，令其貿易後儘快離境。

這是有史可查的第一批到達廣州的英國人。正是這些所謂的「商人」，用大炮揭開了中英通商的序幕。而英國侵略者謀占中國領土的欲望也隨通商與日俱增。在威代爾離開廣州的時候，便命安號帆船在珠江口外選擇島嶼，為將來在華建立英人「居留地」作準備。此後，英

國的商船陸續來華，並且對於珠江口的香港地區，逐步有了接觸。

從這時期，英國人就開始籌謀奪取香港了，這點連殖民侵略者自己也供認不諱。「對於這個根據地的要求，我們是很久就在籌謀的了。在 18 世紀，因為貿易上發生了很多困難，作為克服這些困難的必要手段。」

後來的歷史證明，英國人想作為根據地的海島就是香港島。說到底，英國也想像葡萄牙那樣搞個澳門。

12 月 29 日，威代爾船隊離開澳門，啟程回國。中英之間充滿火藥味的第一次交往就此結束。中華地區海防終於迎來了真正的勁敵，雖然還會再過一段時間惡果才會澈底顯現，但幾致亡國滅種的大災難陰影已經悄悄走近了中華國門。

西元 1643 年 3 月 25 日，李自成農民軍攻入北京，崇禎皇帝見大勢已去，親手砍死袁妃，逼死周後，留下「朕無面目見祖輩於地下」的遺言吊死於景山，死時身邊只有一個忠心耿耿的太監同死。明朝正朔就此覆亡。

由於戰略上大意輕敵，戰術上孤注一擲未留預備隊，李自成農民軍旋即在山海關外一片石大戰中，大敗於吳三桂山海關守軍和突然加入戰場的滿清八旗聯軍之手。在滿洲八旗辮子精騎的猛烈突擊下，李自成主力精銳損失極重，只得從北京城向西退走。清軍不失天賜之機，在吳三桂等明朝舊臣引導下，毫不猶豫尾隨不捨，絲毫不給李自成喘息之機，一路窮追猛打，將李自成部從北京、山西、陝西一路追殺至湖北，終於把一代闖王逼死在九宮山，旋即得手中原天下。後金孤兒寡母率 20 萬鐵騎 40 萬從人入關，不旋踵竟得華夏，此為天意，亦是人謀，千古興亡，可發一歎。

從鄭和的大航海時代到東瀛崛起

　　如果說明朝在政治經濟和軍事上留給了滿清一個爛攤子，但在科學技術和文化上卻絕非如此。當時明朝文化成就本來就領先靠《三國演義》打仗的滿清；在科技發展上，明末更有過中華文明發展史上罕見的輝煌。

　　崇禎皇帝雖然在政治上疑心頗重，但這位末代皇帝至少有一點是十分開明的，甚至稱得上是極具遠見卓識的，那就是對西方科技知識的極度重視和大規模引進。事實上，內外交困的崇禎時期，在科技發展上堪稱中國封建王朝歷史上的文藝復興時期。這從崇禎對中國著名科學家徐光啟的任命就可見一斑，徐光啟最高的職務是東閣大學士和文淵閣大學士，位極人臣，科學家能做到這個級別的，在中國歷史上除此無二。

　　當時，在絡繹來華的紅毛和堅船利炮刺激下，為了達到「欲求超勝，必須會通，會通之前，必須翻譯」的目的，中國民間和官方已經同時展開對西方科技思想書籍的大規模全方位翻譯。《坤輿格致》是在李天經主持下，由德國人、天主教學會會士湯若望和中國人楊之華、黃宏憲合作翻譯，共四卷。原著是德國學者阿格裡柯拉的《礦冶全書》。《礦冶全書》共十二卷，這是當時歐洲劃時代的巨著，書中介紹了各種金屬的分離、制取和提純方法，也詳細介紹了各種無機酸的制法，包含有許多重要的化學知識。崇禎十六年（1643 年）十二月，崇禎皇帝批示戶部將《坤輿格致》分發各地，「著地方官相酌地形，便宜採取」。就是說，崇禎皇帝命令在全國範圍內推廣這本歐洲當時最先進的礦產資源研究巨著，並要求地方官員們按書中方法進行礦產資源開發利用。據不完全統計，崇禎時期竟有高達 7000 種西方科技文化著作被翻譯引進中國，我們只用看看這些書名，就不能不驚歎，崇禎朝對

西方科技成就引進的深度和廣度之巨了。

　　明末與引進西方科學理論齊頭並進的，還有大規模的科技實踐。崇禎二年，即西元 1629 年，欽天監推算日食失誤，而徐光啟用西學推算卻與實測完全吻合。於是崇禎帝下令設立曆局，由徐光啟領導，修撰新曆。徐光啟聘請了西方來華傳教士龍華民、鄧玉函、湯若望和羅雅穀 4 人參與曆局工作，於 1629 ～ 1634 年間編撰成著名的《崇禎曆書》。連西方都推崇這部明朝動用國家力量修成的《崇禎曆書》，並稱之為「歐洲古典天文學百科全書」！

　　而對於基礎科學的重要作用，崇禎皇帝和他的大臣也是非常具有遠見卓識的。徐光啟在崇禎二年（1629 年）七月二十六日，給崇禎皇帝上奏摺《條議曆法修正歲差疏》，論述了「數學和其他科學的關係，數學在生產實踐中的作用」，他是把數學作為其他一切自然科學和工程學的基礎來看待，這比馬克思、恩格斯論述數學在自然科學中的作用早了幾百年。徐光啟的這個奏摺，得到了崇禎皇帝的積極反應和支持，他當即下旨批示「度數旁通，有關庶績，一併分曹料理」，就是說，崇禎皇帝準備在全國範圍內開展以數學為基礎的近代科學教育！如果崇禎的這個設想實現，那真是中國歷史上開天闢地的壯舉。

　　回看歷史，崇禎皇帝引進西學不是沒有阻力的，當時的名臣楊光先就說過一句名言「寧可使中夏無好曆法，不可使中夏有西洋人」，這位中國有名的忠臣真是堪稱保守派的典範，但崇禎絲毫不為所動，仍然對西學西曆大力支持。崇禎特別值得推崇的一點是，中國引進國外科技時，多是急功近利，專重實用和技術，而對國外先進的科技思想和獨立健全的科學精神則往往重視不夠，這個問題其實一直都非常嚴重地存在，而崇禎和徐光啟的做法完全是科技歸科技，就按科學的規

律搞,不涉政治和洋夷之分等其他因素,這種真正的科學眼光是非常了不起的。

所以在發展科技教育,引進西方先進技術和思想這件事上,一輩子都活得很憋屈的崇禎真是堪稱中國歷史上真正的「大帝」。這份海納百川的胸襟氣魄,的確是清代君主,包括康熙和乾隆都遠遠比不上的。不幸的是,當時明朝氣數已盡,只過了十幾年就滅亡了,這麼短的時間內,崇禎和徐光啟的設想根本無法在全國上下全面展開。

與引進西方科學技術齊頭並進的,還有明朝對外籍科技人員的重視和發自內心的尊重,義大利人天主教教士利瑪竇、德國人天主教學會會士湯若望、大利人天主教教士龍華民,這些都是留名中國文化史和科技史的著名西方傳教士,他們的名字和科技成就,至今在中國還是廣為人知的。萬曆年間來華的利瑪竇和徐光啟一起翻譯了西方數學經典著作《幾何原本》,還為中國毫無保留地繪製了《坤輿萬國全圖》,這是中國國內現存最早的、也是唯一的一幅據刻本摹繪的世界地圖,這幅圖所繪的世界各大洲海陸輪廓已基本具備,明朝君臣可從這幅圖中清晰瞭解西班牙、葡萄牙、荷蘭、義大利、法國、英國等西方大國的具體位置。任何一個稍有軍事政治頭腦的人,都可以想見這樣一幅地圖在 16 世紀對明朝君臣對世界的認知,意味著怎樣的價值和意義。

湯若望則寫了《遠鏡說》,第一次向中國人介紹了伽利略望遠鏡,還口述了有關大炮冶鑄、製造、保管、運輸、演放以及火藥配製、炮彈製造等原理和技術,由焦勗整理成《火攻挈要》二卷和《火攻秘訣》一卷,成為向中國介紹西洋火炮技術的權威著作。

明末這些從西方來華傳教的真正的基督聖徒在中西文化交流史、

中國基督教史和中國科技史上鑴刻下了自己的名字，他們身後更是贏得了中國人民的永遠尊敬。今天，利瑪竇、湯若望和康熙皇帝的科學啟蒙老師比利時人南懷仁的墓塋已被列入中國文物保護地，受到華人永遠的祭掃和保護。

相對而言，200 年後清末被西方的槍炮逼得走投無路時搞的洋務運動則只是簡單的引進，沒有形成真正的造血能力，對比明末這次大規模西學引進，不是皮毛又是什麼呢？

最讓人回味的是，明朝卻沒有羅馬教廷這種宗教機構壓制科技發展，而是大力支持。在西方，1633 年終於不得不妥協的大科學家伽利略被羅馬教廷判處終身監禁，而布魯諾這些堅持真理的西方科學家們在火刑柱上的可怕遭遇就更不用說了。

反觀明朝，利瑪竇走到哪裡都是當地官府士紳乃至王室皇室的上賓，而徐光啟更以他的西學研究學識出任崇禎皇帝的東閣大學士和文淵閣大學士，位極人臣。由此可見，明朝對待科技的態度比西方更開明。如果歷史給明朝機會和時間，明朝完全有機會在當時和西方科技發展同步。

但是，明末的動亂，和隨後滿清的建立，卻從根本上摧毀了中國在近代史上最後一次相當於西方文藝復興、實現現代意義上的真正崛起的機會。清政府為了維持統治，對海禁的控制比明朝更加嚴酷。為了防備退守臺灣的南明鄭成功勢力，清廷徹底截斷鄭氏集團與大陸的聯繫，甚至連下三道遷界令，將東南沿海村莊居民全部內遷 50 里，距海岸線 50 里地界內的居民房屋全部焚毀，土地廢棄，「片板不許下海」！

如此令人瞠目結舌的嚴酷海禁，清政府竟一連實施了 39 年，直到

施琅收復臺灣後，東南各省疆吏才敢不斷請開海禁。俗話說：「靠山吃山，靠海吃海」，有外敵待滅，搞禁海這樣的戰時措施還可勉強維持，和平時期如此嚴厲的海禁只能逼得沿海人民造反，於是康熙皇帝也就順勢下了臺階，以於「閩粵邊海生民有益」為名下令許民造船出海，又以開關「既可充閩粵軍餉，以免腹地省份轉輸之勞」為由開廣東澳門、福建漳州、浙江寧波、江蘇雲臺山四關作為對外貿易的窗口與外國通商，清朝的海外貿易才稍稍喘了口氣。

乾隆即位後，在海禁方面基本上沿襲了先祖的政策。18 世紀中葉，西方資本主義國家已開始工業革命，海外貿易日益擴張。特別是以英國東印度公司為首的西方商人，一直強烈渴望打開中國市場。當時，在中國沿海的 4 個通商港口，前來進行貿易與投機的洋商日益增多。與此同時，南洋一帶也經常發生涉及華人的事端，這些情況很快引起了清政府的警覺。

1740 年，荷蘭東印度公司聽到反叛的傳聞後在南洋的爪哇對華僑進行了一場大屠殺，大約有 2 萬到 3 萬華人在這次事件中喪生，這就是駭人聽聞的「紅溪慘案」。紅溪慘案消息傳來，清朝舉國震驚，荷蘭害怕中國皇帝會對其在廣州的荷蘭人進行報復，於是派了使團前往中國說明事由，並為此道歉。令他們意想不到的是，聽到荷蘭使臣道歉的中國皇帝竟然毫不介意地答覆說：「我對於這些遠離祖國貪圖發財，捨棄自己祖宗墳墓的不肖臣民，並無絲毫的關懷！」

這個皇帝就是乾隆。

一方面，澳門等外國人聚集的地方也經常有洋人犯案，洋人可不像大清良民守本分。另一方面，當時的英國商人為了填補對華貿易產生的巨額逆差，不斷派船到寧波、定海一帶活動，企圖就近購買絲、

茶。巧合的是，乾隆十分熱衷於到江南一帶巡遊。據說當乾隆第二次南巡到蘇州時，從地方官那裡瞭解到，每年僅蘇州一個港口就有 1000 多艘船出海貿易，其中竟有幾百艘船的貨物賣給了外國人。乾隆還親眼看到，在江浙一帶海面上，每天前來貿易的外國商船絡繹不絕，而這些商船大多攜帶著武器，乾隆爺看得龍眉大皺，不禁擔心寧波會成為第二個澳門。洋鬼子最是喜歡鑽空子搞陰謀的，要不怎麼叫鬼子呢？老實說，天朝大皇帝也拿洋鬼子們頭痛得很，還是中國老百姓好欺負些，要是這些老百姓跟著洋鬼子學壞了，還找誰欺負呢？

龍心不悅之餘，乾隆爺在 1757 年南巡視察了發展成果回京後，斷然發佈了一道著名的聖旨，規定洋商不得直接與官府交往，而只能由「廣州十三行」辦理一切有關外商的交涉事宜，從而開始了在中國歷史上大名鼎鼎的全面防範洋人、隔絕中外的閉關鎖國政策。

清廷如此保守僵化，對中國海防造成的最直接惡果就是造船和火器製造技術水準的更大衰退。為禁錮國民，滿清當時嚴厲到連漁船的大小都做了嚴格控制，以至於大清漁船小到連在近海撒網都危險重重。回顧雍正時代，清廷的極左派便已做出了極端的計畫。雍正即位不久，就有人條陳說「拖風漁船規模大，可以衝風破浪，恐生奸猾，建議全部拆毀」。有人提出反對，認為漁船太小了，根本無法深入洋面捕魚，雍正聽了之後堅定否決反對意見，於是廷議的結果是「廣東漁船梁頭不得過五尺，舵手不得過五人」，雍正的批令是：「禁海宜嚴，餘無多策，爾等封疆大吏不可因眼前小利，而遺他日之害。」

但是這樣的限制，清廷的極左派仍覺不滿，「不知梁頭雖系五尺，其船腹甚大，依然可以沖風破浪」「請議定其風篷，止許高一丈，闊八尺，不許幫篷添裙，如果船篷高闊過度，即以奸歹究治。如此則風力

稍緩，足以供其採捕之用，而不能逞其奔逐之謀。哨船追而可到，商船避之而可去。且其桅短篷威代爾低，行駛遲慢」，極左派認為如此這般，把漁船技術限制在最低水準上，便可以消弭海患。

同年十月，廣東巡撫奉令奏議漁船問題，提出的限制條件更加嚴苛，水櫃只許做得小小的，敢做大號水櫃就是犯罪行為，要受大清律的嚴懲！出海淡水都不許多帶！看你們這些刁民怎麼投奔自由！

總之，大清朝的廣東省省長建議把民船的技術限制在極低水準上，完全置於水師官兵的監督之下，只能在近岸淺海作業，只要不沉，差不多也就夠了！

雍正爺看見奏摺自然歡喜，龍心大悅，馬上批准實施，來呀，廣東省長這狗奴才挺會辦事，賞這奴才一件黃馬褂！來呀，再加賞一根孔雀花翎！腦袋上已經有一根孔雀毛了？呃，那賞這奴才頂戴雙花翎！

1719 年滿清又規定，一切出海船隻不許攜帶軍器，凡是查出，從重治罪。禁止商船攜帶軍器，一是為了防止軍器運往呂宋等華僑華人集中居住的地方，二是便於師船在沿海的緝查，這一規定等於解除了中國商船的武裝，一旦在海洋上遇到了海盜襲擊，商船只能束手就擒。幸虧那時索馬利海盜還沒今天這麼狂，不然中國商人實在太可憐了！

更可笑的是乾隆爺甚至把船隻壓艙的石頭都看成是對愛新覺羅家的威脅，規定：「出海漁船，商船每藉口壓艙，擅用石子、石塊為拒捕行兇劫奪之具。此後，均只許用土坯、土塊壓艙。如有不遵，嚴拿解糾。」結果可憐的漁民早上只好裝一船泥塊壓艙出海，海上浪打雨淋，晚上回家時往往帶回來一堆爛泥，要是漁民乾脆在這些爛泥船裡種上水稻改當莊稼漢吃碗農家飯，乾隆爺肯定樂壞了。

　　滿清最絕的一手，是對境內的任何船舶新技術犯罪手段都長期保持了最高度的警惕性，長期堅持防患於未然！

　　犯罪新手段露頭就打，露頭必打，從重從嚴從快狠狠打！

　　「於篷威代爾桅上加一布帆，以提吊船身輕快為『頭頂巾』。又於篷頭之旁加一布帆以乘風力，船無依側而加快為『插花』。」

　　這種提高船舶速度的「插花」新技術是違法的！1738 年大清國家安全部門專門下達中央文件——禁止！

　　福建製造的膨仔頭船「桅高篷大，利於趕風」。1747 年發現了這種犯罪苗頭，滿清官員認為，「任其製造，不便控制」，大清國家安全部門立刻下達中央文件——永行禁止！

　　商人為了增加運輸量，增加商船在海洋上抵禦風暴的性能，便設法增加船的高度，舟皮內再裝小舟皮，以逃避官員的緝查。這種方法被稱為假櫃。1776 年，大清警方臥底線人發現「假櫃」問題，大清國家安全部門立刻下達中央文件——勒令商人申請製造商船時，必須提供商船設計式樣、規格，經地方官核實，與例相符，方准給予船照。若商人在給船照之後，私將梁頭船身加增者，一經查出，嚴厲治罪，並將船隻入官！

　　1766 年，廣東地方官突發奇想，不喜歡內河的民船走得比官兵的兩條腿快——「若櫓槳過多，兵役追捕不及，其為害甚大」。大清國家安全部門立刻下達中央文件——商漁船只許用雙櫓雙槳，一切船中不許帶多餘櫓槳，下令將船上裝造多餘櫓槳之器具概行起除拆毀，總之大清國的船隻許長四條腿，長第五條腿，沒收！

　　直到嘉慶時期，仍不許民船製造業自由發展，「嘉慶爺關於漁船規格 1 號中央文件——限定梁頭的暫行規定」，「嘉慶爺關於漁船規格 2

號中央文件——私設高桅大篷的量刑標準」,「嘉慶爺關於漁船規格3號中央文件——私設插花、頭巾的懲治辦法」。某某號中央文件——不許「首尾高尖」、不許裝設蓋板,還有舟皮水和假櫃的暫行管理條例,限制攜帶軍器、口糧、舵工水手的緊急通知,甚至淡水多少、石子、石塊,等等等等中央文件。下發中央文件之多,多到大清國家安全人員一致認為,大清國家安全只有在國內所有的船舶,包括木筏和竹排都被拆除了才能得到真正的保障!

滿清官方嚴格限制商漁船只的規格和技術性能,意在保持戰船的相對優勢,便於追捕刁民,結果是澈底扼殺了大清的造船業。

可想而知,在這樣嚴酷的禁錮下,造船業不要說發展,連苟延殘喘都難以做到,造船工藝、技術極速衰退了。在《清史稿》中記道:「乾隆五十八年,因廣東海盜充斥,自南澳至瓊崖,千有餘里,水師戰船,雖有大小百數十號,僅能分防本營洋面,不敷追捕,致商船報劫頻聞。歷年捕盜,俱賃用東莞米艇,而船隻不多,民間苦累。乃籌款十五萬兩,製造二千五百石大米艇四十七艘,二千石中米艇二十六艘,一千五百小米艇二十艘,限三月造竣,按通省水師營,視海道遠近,分佈上下洋面,配兵巡緝,以佐舊船所不及。」

按1000石折合80噸計算,這時清朝能造出的最好的戰船大米艇,也就只有250噸左右!

而這時,西方海戰主力風帆戰艦噸位早已超過1500噸,2、3000噸的風帆戰艦比比皆是,最著名的風帆戰艦,英國傳奇海將納爾遜勳爵旗艦勝利號,全船總長92公尺,船體長60.3公尺,水線長56.7公尺,船體水線寬15.2公尺,甲板寬12.1公尺,吃水7.6公尺,排水量2162噸,全艦人員850人,而1800年滿清政府製造的大封舟才7丈

長！可見東西方造船技術的差距已大到何等可怕的地步。

　　造船技術落後若此，艦載武器就更加落後了。滿清時期造炮技術也出現了驚人的衰敗，「嘉慶四年（1799 年）曾改造一百六十門明朝的神機炮，並改名為得勝炮，惟經試放後發現其射程竟然還不如舊炮。」

　　明軍當年的火炮使用比例是全世界最高的。戚繼光的車炮營，比近一個世紀後西方第一次出現的炮兵編隊的火炮比例高 7 倍。明代的炮彈技術也有可取之處，當時西方剛剛勉強造出鑄鐵，應用不普遍，炮彈和子彈多用鉛子。由於中國鑄鐵技術的優勢，明代永樂初年（15 世紀初）產鐵量已達 9700 噸。而直到 1670 年，西方產鐵最多的俄羅斯年產鐵量也只有 2400 噸。所以西方火炮多用鉛彈時，中國的火炮已經以鐵彈為主了。鐵彈製作成本要比鉛彈低得多，殺傷力也要大得多。

　　而且明代已經發明了對木制帆船殺傷力極大的爆破彈，即明清俗稱的「開花彈」。但明代這些火炮戰術技術優勢到清代統統失傳了。鴉片戰爭時清軍被英軍的「開花彈」打得落花流水，滿清當時的火器專家丁拱辰卻根本不知「開花彈」為何物。30 年後，左宗棠督師西征新疆，在陝西鳳翔縣進行了一次「考古挖掘」，竟從一處明代炮臺遺址挖掘出「開花彈」百餘枚，當即感歎道：「利器之入中國三百年矣，使當時有人留心及此，何至島族縱橫海上，數十年挾此傲我？」痛惜感慨的左宗棠有所不知，這是明朝自己發明的東西，袁崇煥就是用「開花彈」炸傷了努爾哈赤。

　　而十九世紀中葉卻是西方武器大換代的時期，火炮技術大大改進：工業革命使得武器製造業使用了動力機床對鋼制火炮進行精加工，線膛炮和後裝炮也開始裝備軍隊；火炮射擊的理論與戰術在拿破崙橫掃歐洲的征戰中得到巨大發展；因化學的進步，苦味酸炸藥、無煙火藥

和雷汞開始運用於軍事，炮彈的威力成倍增長。

反觀清朝的火炮，仍然使用泥範鑄炮，導致炮身大量沙眼，炸膛頻頻；內膛的加工也十分粗糙，甚至根本沒有瞄準具，準心照門不復存在，全靠炮手經驗瞄準；「開花彈」也失傳；缺少科學知識的兵士的操炮技術根本比不上明朝士兵！200 年前讓明朝苟延殘喘的先進武器紅夷大炮現在已經風光不再，老態龍鍾，無法抵禦西方列強的入侵了。

清朝對紅夷大炮沒有進行過有效的技術革新，只是一味地加大重量，以求增加射程，火炮的製造工藝遠遠落後於西方。第一次鴉片戰爭時期，虎門要塞的大炮重 8000 斤，射程卻不及英艦艦炮。第二次鴉片戰爭後，江陰要塞竟然裝備了萬斤鐵炮「耀威大將軍」。這些炮看似威武，實際上射程還不如明朝的那些紅夷大炮，加之「開花彈」的失傳造成與英軍對抗吃虧不小。

佛朗機大炮是一種鐵制後裝滑膛加農炮，佛朗機大炮獨有的炮腹相當粗大，一般在炮尾設有轉向用的舵杆，炮管上有準星和照門。佛朗機大炮有 4 大優點，射速快、散熱快、子炮的容量確定、炮腹的壽命增長。但限於當時的技術水準，佛朗機大炮也有一個無法克服的缺點，就是子炮與炮腹間縫隙公差大，造成火藥氣體洩漏，因此不具備紅夷大炮的遠射程。

明朝對佛朗機大炮是十分重視的，但是進口得少，仿製得多，且仿製的火炮各種規格齊全，從千餘斤的多用途重型（要塞、野戰、戰艦）火炮「無敵大將軍」到百餘斤的大「佛朗機」，再到幾十斤的「小佛朗機」（可馱在馬上點放，自行火炮），連士卒手中都有幾斤重「萬勝佛朗機銃」（配 9 個子銃）。佛朗機大炮的性能是超前的，與紅夷大炮相輔相成。但是到了清朝，軍中對火器一味求其射程，重紅夷而輕

佛朗機，以至於到了 18 世紀滿清的軍隊裡已經完全沒有佛朗機的蹤跡了。這種性能卓越的火炮在滿清時期失傳了。

而且滿清為確保八旗騎射優勢，對火器發射速度是有意識地壓制的。康熙年間，著名火器家戴梓發明了「連珠火銃」，一次可連射 28 發子彈。這比歐洲人發明機關槍早 200 多年，結果被罷官流放遼東 30 多年，過著「常冬夜擁敗絮臥冷坑，凌晨蹋冰入山拾榛子以療饑」的窮困潦倒的生活，70 多歲才遇赦得返京城，不久即去世。要在西方，戴梓比馬克沁（馬克沁機槍發明者）的財不知發得大到哪裡去了。

滿洲八旗精於騎射，漢軍綠營擅長火器，但綠營由漢人組成，只能在八旗的控制下生存和發展，所以清政府多方限制綠營掌握精利的火器，只許使用簡陋笨拙的抬槍、抬炮。綠營不得揚其所長，而八旗連原來擅長的騎射也荒廢了。國家常備軍建設中的滿漢畛域之見，嚴重地妨礙了新式武器的研製和推廣。

中國古代的重大發明黑火藥，在乾隆年間已落後於西方。英國化學家已經找出了黑火藥的最佳化學配方，並進行了大規模的工業化生產，西方侵略者正是使用改進了的高品質黑火藥，炸開了天朝的大門。

由於中國火藥威力太小，3 年鴉片戰爭，中國人連一艘英船也沒炸沉！手工藝製作品質不穩定，去除火藥雜質竟靠篩子篩！此時西方火炮技術不但大大領先，而且主力戰艦上的火炮數量也多得驚人。英國的勝利號戰艦上裝炮即達 104 門之多！這個數量遠超當時中國任何一座沿海炮臺的火炮配備數。鴉片戰爭時期，當時中國防守最嚴密的虎門要塞有 11 座炮臺，大炮加起來也只有 300 多門，而且射程、威力都比英艦火炮差得實在太多。中國大陸的電影《林則徐》中虎門第一炮，8000 斤大炮，射程根本不及英艦火炮，電影裡 8000 斤大炮轟得英

國軍艦桅斷帆碎，純屬電影的誇張！

　　事實上，由於艦船技術和火炮技術的落後，中國在 17 世紀就已經陷入了有海無防的悲慘境地。所以 1834 年英國人琳賽對中國海防進行偵察後得出結論：「由大小不同的一千艘船隻組成的整個中國艦隊，都抵禦不了一艘（英國）戰艦。」清政府海防的虛弱底細，乃至整個國家潛伏的危機很快被一個英國人覺察到了，這就是近代中西方交流史上赫赫有名的人物，來華祝賀乾隆皇帝 83 歲大壽的英國第一位訪華大使馬戛爾尼勳爵。

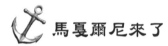 馬戛爾尼來了

　　1792 年 9 月 26 日，英國樸資茅斯港一片歡騰，熱鬧非凡。在蘇格蘭風笛手們的悠揚樂曲聲中，英國的獅子號風帆戰艦、印度斯坦號巡洋艦和一等護衛艦豺狼號等五艘戰艦，趁早潮拔錨起航。這既是一支武裝分遣艦隊，也是一個龐大的外交使團。這個使團規模極其龐大，總數有 800 多人，使團正式人員包括外交官、青年貴族、學者、醫師、畫家、樂師、技師和僕役等近百人。率領使團的正使馬戛爾尼勳爵，都柏林學院碩士研究生，長得極帥，曾在俄國做特使，深得俄國凱薩琳女皇歡心。副使喬治‧斯當東更了不得，是牛津大學法學博士，皇家學會會員。為了讓心愛的兒子見見世面，老斯當東還帶上了 11 歲的愛子、聰明伶俐的小斯當東。毫無疑問這兩位都是經驗豐富的老外交家。他們出使的目的地是清國。

　　馬戛爾尼勳爵所率的這支使團規模之大，不但是英國，甚至在歐洲歷史上都是從未有過的，可見英國人對這支使團寄予的希望之大。

英國人迫切地希望這支使團能打開與中國自由貿易通商的大門。

　　1792 年是美國剛剛從大英帝國殖民體系下獨立後，華盛頓連任總統的第一年，也是法國人民戰天鬥地把大革命正搞得如火如荼的時候。可著勁兒造大反的法國老百姓在這一年把路易十六關進了丹普爾堡，22 歲的拿破崙在這一年就混上了想在法蘭西鬧獨立的科西嘉國民自衛軍中將，不過這時候，以後鬧得歐洲天翻地覆的拿破崙連一場仗都還沒打過。

　　1792 年西方發生的這一切，讓英王喬治三世感覺歐美世界亂了套，或許大英帝國的前途在東方也未可知。此時東方兩大文明古國之一的印度早已在英國鐵腕控制下，只想和另一個東方真正的超級大國中國搞好關係，獲得貿易巨利，大英帝國就能把東方作為最穩固的後方基地，集中力量對付歐洲和美洲的變局，所以英國派出了這支歐洲歷史上空前龐大的使團出訪清廷。

　　迎著撲面而來的海風，艦橋上的馬戛爾尼大使壯志滿懷，對此行的成功充滿了信心，要知道，他帶給中國的國禮太豐盛了！整個使團幾乎帶上了當時英國工業革命的一切先進技術成果——蒸汽機、棉紡機、梳理機、織布機、榴彈炮、迫擊炮、步槍、卡賓槍、連發手槍、全套的現代炮兵裝備、赫哲爾望遠鏡、碼錶、派克透鏡、油畫、英吉利畫冊、熱氣球，包括豪華大馬車在內的各種西方車輛，甚至還有 8 門最先進的每分鐘可以發射 8 次的小型野戰炮，和當時全世界最先進的、配裝 110 門大炮的英國君主號戰艦比例模型！而在使團帶給中國的一些精美儀器中，有結合了當時天文學最先進成果和機械學成就的天體運行儀，這個儀器能準確地模仿太陽系天體的各種運動，如月球繞地球的運行、太陽的軌道、帶 4 顆衛星的木星、帶光圈及衛星的土

星等。另外，還有一個地球儀，上面標有各大洲、海洋和島嶼，可以看到各國的國土、首都以及大的山脈，並畫出了所有這些遠航的航海路線。

毫無疑問，馬戛爾尼大使帶給中國的，是英國人遠跨重洋給中國送上門來的當時最先進的經濟科技博覽會。在 200 多年前，這些東西意味著什麼不言而喻，如果中國人吃透這些東西的精華，那就意味著當時中國的科技水準能和西方站在同一水平線上！

放到現在，任何一件這樣級別的東西，國與國之間不談判 10 次 8 次是別想做成交易的，許多用錢都買不著，或許只能靠間諜才能摸到點影子！

想想，美國人今天會賣給中國大陸航母設計圖嗎？英國人免費送了！

想想，美國 NASA 會賣給中國政府星系分佈圖嗎？英國人免費送了！

所以，只從這個英國使團的規格和所攜帶的國禮，就必須客觀地說，當時的英國朝野是非常希望和中國建立真誠友好的平等外交關係的，這是另一個文明古國印度從來沒有享受過的待遇。而英國人攜如此重禮而來，對中國最重大的要求就是開放通商，平衡貿易。嚴格地說，這個要求是無可厚非的，因為當時英國的對華貿易逆差之大，已到了英國國力無法支撐的程度。

在此，我們不能不提一下對近代世界命運造成極為重大影響的中華國飲——茶葉。在很大程度上，就是中國茶葉導致了美國的誕生和中英鴉片戰爭。

1664 年，英國東印度公司代表將一份「神秘珍奇大禮」敬獻給查

理二世，這份大禮是一個小小的圓罐，罐內裝有風乾的綠色葉子，重 2
磅 2 盎司，來自遙遠的古老中國。代表向尊貴的英王演示了如何沖泡
茶葉，少頃，綠色細葉被沸水沖泡後，濃濃的茶香第一次彌漫在英國
的土地上。查理二世遲疑著吮吸了一下茶香，頓覺頰齒生津，龍顏大
悅，據說這是英國王室首先領教中國茶葉。

　　結果在王室的帶動之下，飲茶立刻成為英國貴族階層追求的一種
時尚。處於英國社會下層的普通勞動者當然會跟貴族老爺的風，許多
英國人為了得到這種當時價格較為昂貴的飲品而絞盡腦汁，有人竟然
從在富人廚房中工作的僕人手中以低價購買別人飲用過的茶葉。隨著
茶葉價格的下降，到 18 世紀後期，窮苦勞動者也養成了飲茶的習慣。
當時有人觀察到：築路工人邊幹活邊喝茶，拉煤的工人坐在煤車上喝
茶，田裡的農民在喝茶，甚至街頭的乞丐都在喝茶！

　　隨著飲茶在英國的普及，中英之間的茶葉貿易從無到有，並迅即
爆炸性地快速增長，並且也正是因為東印度公司的茶葉銷售問題，引
發了北美獨立戰爭。

　　隨著英國打敗法國，北美被控制在了英國手中。為了將巨額的戰
爭支出轉嫁到北美人民頭上，英國採取了在北美增加稅收的政策，其
中包括對茶徵稅──每磅徵收 3 便士。而這時的北美人民也都愛上了
茶葉，喝茶要交稅？他媽的不幹！

　　結果殖民地人民拒絕繳稅，他們購買從荷蘭走私來的「非法」茶
葉，這便導致英國東印度公司出現了嚴重的貨物積壓。為幫助該公司
渡過難關，打擊茶葉走私，英國 1773 年頒佈了《茶葉稅法》，允許東
印度公司直接向北美殖民地出口茶葉，這意味著東印度公司將會壟斷
殖民地的茶葉市場。於是，北美人民群情激憤，要喊英國的皇上萬歲

可以，要錢不行！

當時敢跑到新大陸闖世界的，多是些不服舊大陸管治的「刁民」，於是北美各地開展各種活動進行抵制，連北美的婦女也倡議停止飲茶，或者是飲用由珍珠菜、草莓葉以及小葡萄葉等製成的代用茶。要知道北美的婦女都悍得很，後來到了 20 世紀，又是這裡的娘們兒率先鬧起了「女權運動」，弄得東西方的老爺兒們一起頭痛到現在。

英國人似乎沒有意識到北美人民進行反抗的堅強意志。1773 年 11 月 28 日，英國的達特茅斯號運茶船駛入了波士頓港口，隨後，又有兩艘運茶船抵達。當地人士極為憤怒，他們舉行集會，決定不允許將茶葉運送上岸。12 月 16 日，一群當地居民化裝成印地安人的樣子，手持短斧，潛上了運茶船，將船上裝載的 342 箱茶葉扔進了大海，波士頓灣成為了巨大的「茶壺」，這就是舉世震驚的波士頓傾茶事件，由此揭開了北美獨立戰爭的序幕。戰爭的結果人所共知——在經歷了艱苦卓絕的歷程之後，北美人民終於在 1783 年贏得了獨立美利堅合眾國誕生。

所以可想而知，茶葉這樣一個能導致今天超級大國美國誕生的商品，在當時的東西方貿易中能占到多大的份額。當時茶葉帶給英國的稅收平均每年有 330 萬英鎊，僅茶葉一項單項商品的稅收即占到英國國庫收入的十分之一，而且是東印度公司的全部利潤，茶葉因此被譽為「東印度公司商業王冕上的寶石」。在中國對美國的貿易中，茶葉也占到全部進出口貿易貨物的百分之九十以上，以至於一些歷史學家、經濟學家乾脆把 18 世紀稱為歐亞貿易的「茶葉世紀」。

而清廷認為「天朝物產豐盈，無所不有，原不藉外夷貨物，以通有無」，在對外關係上採取了「閉關自守」政策，英國工業品在清帝國

一直打不開銷路，中國茶葉的出口造成了中英貿易格局的巨大失衡。

英國商人為了維持中英貿易，不得不向大清運來大量白銀。坦率地說，這樣巨大的貿易逆差不要說當時的英國，就是擱在今天的任何一個國家，也是無法忍受的，而且此時英國工業革命已經開始 30 年，機器工業逐步取代了手工業，工業品產量大增，急需開闢市場，推銷產品，所以馬戛爾尼勳爵最重大的使命就是請求清政府與大英帝國全面通商，不管從哪個角度說，這個要求並不過分。

當時英國政府致清政府照會檔的翻譯與謄寫，實在是出奇的複雜。馬戛爾尼勳爵從英國起航後，一口氣航行了 9 個多月，途中最大的收穫，就是小斯當東經過半年多的中文速成訓練，竟然已能湊合著寫漢字。想想看，當時中國用的還是毛筆，的確是有些難為了這個英國小神童。使團翻譯羅神父不懂英文，必須首先從英文譯成拉丁文，然後再譯成普通中文，並改為天朝的官方語言，而最後的謄寫工作，往往就靠這個孩子來完成。

英國使團船隊終於在乾隆五十八年五月十四日到達中國，在澳門外萬山群島的珠克島拋錨等候。英國使團到達中國的消息，通過英國東印度公司董事長佛蘭西斯·百靈的信件傳遞給兩廣總督。兩廣總督一看東印度公司通知英國使團訪華的信件，頓時兩眼放光，這可真是天上掉下來的大餅，拍萬歲爺大馬屁的好機會到了！奏摺立刻由 800 里飛騎火急送往京城：「啟稟萬歲爺，英國紅毛裝了 5 大船禮物，過了 7 萬里大海，給咱萬歲爺祝壽進貢來了！」

原來這一年正好是中國歷史上有名的威福天子、創下「十全武功」的乾隆皇帝 83 歲大壽。中國俗語，七十三，八十四，閻王不請自己去。所以乾隆這一年的大壽比 80 大壽還隆重，這在中國傳統中叫沖

喜,所以中國官員都以為英國洋鬼子是給咱中國皇上賀壽來了!一生寫了 10 萬首詩、連江南的廁所上都恨不得提個字、虛榮心強得出了名的乾隆皇帝,看了兩廣總督的奏摺特別高興,消息傳出,京城裡也是一片歡騰。中國老百姓都是跟中國皇上一樣愛面子的,看看奧運、世博那股歡騰勁,就知道當時北京的老百姓有多開心。乾隆當即批下「即有旨」,意思是對這個問題另外再發一道諭旨。他任命長蘆鹽政徵瑞、直隸總督梁肯堂為欽差大臣,專門負責接待英國使團。

萬歲爺開恩允許紅毛進貢祝壽的聖旨下達,馬戛爾尼勳爵便率船隊北上天津,前往觀見中國皇帝,但讓英國人目瞪口呆的是,剛一上岸,他們的隊伍便被中國官員不由分說地插上幾面彩旗,上面用中文寫著幾個大字:「英吉利貢使。」無論在旗上還是禮品清單上,中國官員都把「禮物」改成「貢物」。在天朝,送給皇帝的禮品從來都叫做「貢」。據統計,馬戛爾尼帶來了 600 件禮物,裝滿了 90 駕馬車,40 部手推車,運送時用了 200 匹馬,3000 名苦力,可見英國的確送給了中國一份沉甸甸的國禮。

但是,馬戛爾尼勳爵並不是臨時的貢使,他是作為英國首任常駐大使派往大清的。可是清人從一開始就不接受這種區分,大使是啥玩意?天朝沒聽說過!天朝只知道給皇上進貢磕頭的貢使!所以和對其他國家的使團一樣,滿清君臣對英國人採用的是同樣的措詞和禮儀。要知道,不管論國力還是國際影響,英國才是當時的世界第一強國,所以英國使團成員此刻心中的鬱悶可想而知。敢情俺們在海上漂了一年,就為了代表英國人民給中國皇帝祝壽來了!

在北京西北的圓明園休息了幾天後,馬戛爾尼帶領隨員 92 人直奔承德避暑山莊,因為乾隆皇帝 83 歲壽辰的慶典在那裡舉行。從北京到

避暑山莊，要經過萬里長城。巨大的工程，壯觀的景色，使英國使團一行人驚心動魄。乾隆五十八年八月初四（1793 年 9 月 8 日），馬戛爾尼、斯當東和隨員們到達熱河。早已等候在這裡的乾隆，站在行宮御花園的高臺上，觀看使團整齊地列隊進入避暑山莊。

清政府對英國使團的來訪非常重視，皇帝早就命令軍機處擬定了一套接待方案，包括朝見、賞賜、宴請、看戲、遊覽等活動。這個方案記錄在清宮檔案的《上諭檔》冊中，一直保存至今。正在中英雙方都興致勃勃等待正式會見的時候，一件不愉快的事情發生了。因為朝見的禮儀問題，雙方發生了嚴重的分歧。這就是中英交往史上有名的「磕頭之爭」。按照清朝的規定，外國使臣來華朝見中國的皇帝，必須三跪九叩。

呃，這個實在怪不了中國人，中國人給皇上磕頭都磕了幾千年了！能給皇上磕頭是什麼？

是福分！

朝為田舍郎，暮登天子堂，中國知識份子兩千年寒窗苦讀，就是為了能上朝廷給萬歲爺磕頭！

但是英國人不幹，憑什麼啊？我給我爹地媽咪都不磕頭的，見了女王也就香香手背，就算在教皇面前也就屈條腿兒，怎地，我冒著生命危險漂了 7 萬里大海是為跑來給中國人磕頭來的？

中國的接待官員發現英國人不肯向皇帝下跪叩頭，感到不可思議，要知道，其他國家的貢使和傳教士以前都是下跪的。但這次是馬戛爾尼。無論是他本國的禮節習俗，還是他的資歷性格，都決定了英國爵爺不會向中國的皇帝下跪叩頭。要知道，即使在英國國王面前，馬戛爾尼也只是鞠躬，在教皇面前肯屈一條腿，到教堂做禮拜見了上

從鄭和的大航海時代到東瀛崛起

帝那是沒辦法，不過那也才雙膝下跪畫十字啊！因此馬戛爾尼理直氣壯地聲稱，自己決不對別國君主施高過自己國君的禮節。

但是乾隆皇帝也非常生氣啊！要知道，他還在媽咪懷裡吃奶時，國人就在對他磕頭了！幾經波折，隨後使團給萬歲爺敬上國禮。英國的禮品共 19 宗、600 件，都是當時英國出產的精品，也是英國先進科學技術的代表作。

清王朝本著「薄來厚往」的原則，分別賞賜英王及使臣、隨員一行絲綢、瓷器、玉器及各類工藝品 3000 多件。回禮數量 6 倍於英國禮品，真正幾千年一貫的天朝風度，這些回禮據說是用 7 艘大船運走的。乾隆回贈英國的國禮價格確實不菲，出手的確大方，只是真正的實用價值，那的確是比不上馬戛爾尼帶來的先進科技和工業品的。英國的禮品後來被分別陳列在紫禁城、圓明園、避暑山莊等地，供皇親國戚和文武百官欣賞。

不管馬戛爾尼勳爵的外交手段再怎麼老到，向乾隆爺介紹自己偉大的祖國時也不會謙虛，何況他本來就是實事求是，當時使團特別帶了一艘軍艦模型，這艘軍艦是英國當時最先進的風帆戰艦君主號的比例模型。把這個禮物送給乾隆的時候，英國人還特別附了一個說明書，專門介紹君主號。說明書上怎麼寫的英國呢？說英國是歐洲頭等強大的海上國家，海軍特別厲害，被稱為海上之王，現在特把英國最棒軍艦的模型奉獻給中國的皇帝，這個上邊有英國最先進的火器、火炮，包括它的每一個細微部分。乾隆可以從這個軍艦上看見英國海軍的戰鬥力。

其實只從這個模型也能看出馬戛爾尼此行的真誠，要知道，英國此舉等於是今天的美國五角大樓將「尼米茲」級核動力航母的全套設

計圖紙免費送給了中國國防部！沒想到乾隆爺看了介紹更加不爽，蠻夷海軍的 4 層 7 桅戰艦再強大，還強大得過天朝的舢板水師？有歷史學家這樣記載了當時的情景：馬戛爾尼還給乾隆送上了 8 門小型野戰炮，這可不是玩具模型，是能打死人的真傢伙哦。這可是當時全世界最先進的火炮，每分鐘能發射 8 發炮彈（就算現在的榴彈炮也就這速度）。這 8 門小型野戰炮一炮未發地被停在圓明園直到生銹，幾十年後被打進北京城的英法聯軍拉走。

馬戛爾尼此舉是非常精心準備的。說到底，哪個國家不愛先進武器呢？英國人可真沒想到，當時的中國人還真不喜歡先進兵器！馬戛爾尼還特意用兩支專門打造的金銀獵槍和一幅介紹近代戰爭的油畫來吸引乾隆皇帝的興趣。但或許是馬戛爾尼多次宣言英國在歐洲是一流的海上帝國引起乾隆反感，中國人一向反感自吹自擂，都挺含蓄的；又或許是乾隆皇帝的翻譯德天賜神父是個鐘錶專家，對船舶拉丁文不大精通，造成了交流的困難，結果乾隆只問了幾個無關緊要的問題便對兵艦模型不感興趣了。說到底當時的大清封建王朝對西方是視為落後地區的，無論是對經濟、文化、軍事還是價值觀，都是很排斥的態度，甚至還嘲笑西方人的智力，也就跟鴉片戰爭後西方看中國差不多。

為了和中國人做生意，英國人真是下了血本。可英國國王送這些東西給大清萬歲爺，真正算是俏媚眼做給瞎子看了，一點點提高中英戰略協作友好關係、增加中英貿易友好往來、增進中英人民友好感情的作用都沒起到。老實說，英國人當時要在皇家芭蕾舞團挑幾個高個金髮美女做做思想工作，動員她們遠嫁清廷加強乾隆爺後宮，然後讓那些美麗的碧眼俏娃在乾隆爺面前多滴溜幾圈，生意倒多半做成了。如果讓那些芭蕾舞演員把那超短芭蕾舞裙帶到中國來穿上，再踮著腳

尖在乾隆爺面前打幾個轉轉，那還有啥說的，中英貿易額馬上能提前實現，兩國領導人的 5 年經貿計畫馬上推行！

馬戛爾尼作為貴族外交家，深知與清朝權臣打交道的重要性，這時朝廷權力最大的武將是乾隆朝第一名將福康安。應該說，馬戛爾尼對身經百戰的福康安是十分尊重的，因為福康安就在一年前竟然翻越了世界屋脊喜馬拉雅山擊敗了讓英國人非常頭痛的廓爾喀人。

1791 年西藏遭廓爾喀入侵，時任兩廣總督的福康安接到乾隆聖旨，命他「晝夜行軍，40 天內必須走完 3750 ～ 5000 里路程，兵抵西藏」。福康安接旨後立即著手籌措物資，並緊急徵調勇武善戰的索倫兵和適宜山地作戰的金川兵 7000 人，然後率軍從青海西寧出師，遵照乾隆指示強行軍 40 天入藏。率軍首戰廓爾喀侵略者於擦木地區，殲敵數千，再戰濟嚨，又殺敵近千，並將侵略者逐出國境。此後，戰爭便轉入了廓爾喀（今尼泊爾）境內。清軍克服異國作戰和後勤補給的重重困難，先後攻克索勒拉河，渡過鐵索橋，轉戰深入敵境 700 里，六戰六捷，先後殺敵 4000 人。最後當清軍進至廓爾喀首都陽布（今加德滿都）附近時中了埋伏，都統斐英阿戰死，廓爾喀乘勝請降。福康安考慮到此地 8 月即大雪封山，乃允其降。至此清軍取得了西藏反擊戰的決定性勝利。

到了 1814 年，還是這個廓爾喀，又遣軍奇襲了當時已歸英國管轄的喀什米爾和不丹。英軍以裝備精良的 3 萬人對付尼泊爾 1.2 萬人，卻歷經兩年浴血奮戰才實現了和平。英國人竟然一點便宜都沒占到，極擅山地作戰的廓爾喀兵從此因其寧死不屈的勇猛精神受到英國人的敬佩。戰後，英國與尼泊爾簽訂條約，獲得了招募廓爾喀雇傭兵的特權，後者使用的庫裡克彎刀從此便開始揚名世界。直到現在，英軍中

還保持著 3700 人的廓爾喀部隊，每年還要到尼泊爾征 200 多廓爾喀雇傭兵，無論是福克蘭群島還是伊拉克，英軍中都還在閃動庫裡克彎刀的寒光。

曾經差點當上印度總督的馬戛爾尼深知廓爾喀人的厲害，敬佩之下，盛情邀請福康安大將軍觀看自己隨行衛隊準備已久的歐洲火器操法，實際上是讓他觀摩一次歐洲步兵排進攻演習。此舉是惡意還是善意，暫且不論，但這無疑是清軍高級統帥瞭解西方陸軍戰術的天賜良機。福康安一生經千百戰，的確是清代一位兼具勇敢、毅力與智慧的出色將領，對這樣千載難逢的偵察良機，他的答覆卻是：「看亦可，不看亦可。這火器操法，諒來沒什麼稀罕！」

馬戛爾尼在當天的筆記裡記道：「真蠢！他一生中從未見過連發槍，中國軍隊還在用火繩引爆的槍。」英國人其他引以為傲的軍事技術也沒有得到展示的機會。回北京後，英國人曾想表演試射炮彈，但他們的炮兵很快被打發回來了，清人告訴英國人，他們知道怎麼開炮。1860 年，英法聯軍火燒圓明園的時候，英國人驚奇地發現，這些大炮與炮彈都完好無損地擺放在那裡，它們從未被使用過。於是這些英國軍火在被中國人冷落了半個多世紀後，又被英國人重新運回了它們的故鄉。清廷當時的狂妄自大，可見一斑。

乾隆手下武有福康安大將軍，文臣中排名第一的當然是赫赫有名的和珅和大人。馬戛爾尼當初在離開英國時，英國國王曾經交給他一封極其重要的信，讓他轉交給乾隆皇帝。這封信就是使團來華的所有目的，希望中國允許與英國自由通商。

對於信中的內容，馬戛爾尼剛到熱河的時候，就多次想通過大學士和珅轉達給乾隆皇帝，但每一次話都是剛一出口，就被和珅巧妙地

回避了。和中堂哪是做事的人哪！要按電視劇的說法，他也就和紀大煙袋練練嘴的本事，能在乾隆爺手下風生水起，那是因為他會做人，會哄萬歲爺開心，這英國紅毛要求通商肯定會得罪皇上地，和珅才不會傻到去遞這信呢！

請紀大煙袋幹這事？他在編《四庫全書》？那還是算了吧！

於是走投無路的馬戛爾尼只好按照信中的內容直接給乾隆皇帝寫了一封信，並想方設法把這封信遞到了乾隆皇帝的手裡，這封信的標題是：「大不列顛國王請求中國皇帝陛下積極考慮他的特使提出的要求。」

馬戛爾尼在信中向清政府提出了以下要求：1. 英國在北京開設使館、2. 允許英商在舟山、寧波、天津等處貿易、3. 允許英商在北京設一貨棧、4. 請於舟山附近指定一個未經設防的小島供英商居住使用、5. 請於廣州附近，准許英商獲得上述同樣權利、6. 由澳門運往廣州的英國貨物請予免稅或減稅、7. 請公開海關稅則。

英國提出在舟山或廣州附近劃割一個小島供英國商人使用，這明顯是一種侵犯領土的侵略要求，對此乾隆皇帝斷然加以否定。他說：所有大清的領土都歸大清的版圖，疆界是很清楚的，就是島嶼和沙洲，也是各有專屬，哪能這樣隨便劃出去？

別看乾隆爺 83 歲了，那還真沒老糊塗！對英國的其他各條，乾隆在給英王的敕書中逐條加以批駁。就是說，乾隆爺斷然地拒絕了馬戛爾尼使團的全部要求。連那些合理要求也拒絕了，乾隆爺多少還是有點老年癡呆。最讓乾隆爺惱火的是，英國要求派人常駐北京。乾隆當即嚴厲指出：「這與天朝體制不合，斷不可行。」

隨即，乾隆以皇帝向天下臣民頒發的諭旨形式給英國國王回了一

封信，交給馬戛爾尼帶回。想想即使到了現在，大使館也是各國公開的間諜窩，所以乾隆爺在這一點上發脾氣倒也不笨。這時，乾隆皇帝已經隱隱地感覺到了，英國使臣來華的目的不僅僅是為了進貢祝壽，而是另有企圖，於是催令他們趕快起程回國。西諺云，客人這東西，就像一條死魚，過了3天就會發臭，英國使團這時在北京已經待了10個3天都不止了，乾隆爺雖然好客，卻也不想再聞英國人身上的味兒了。

　　乾隆拒絕英國商貿要求的敕書發出後，標誌著中英談判的破裂和馬戛爾尼使團訪華的失敗，英國使團的最後一線希望也澈底破滅了。清政府催令英國使團迅速回國，並傳令沿途官員嚴加防範，以防英國人滋事。乾隆五十八年九月初三，乾隆任命侍郎松筠為欽差，專門護送英國使團一行起程離京。使團沿運河南下，到達廣州，於乾隆五十八年十二月初七，由廣州起航回國。為了讓蠻夷見識天朝的地域遼闊，長長見識，乾隆帝特許讓英國使團從北京經京杭大運河水路，經直隸、蘇、浙、贛，回廣東上船回國。

　　但臨走之前，乾隆爺還是有點不放心，於是他下了一道密詔給沿途接待的官員：「英吉利夷性狡詐，此時未遂所欲，或至尋釁滋事，固宜先事防範。但該國遠隔重洋，即使妄滋事端，尚在二三年之後。況該貢使等目觀天朝法制森嚴，營伍整肅，亦斷不敢遽萌他意。此時惟當於各海口留心督飭，嚴密巡防。」不能不說，乾隆爺還是有相當戰略眼光的，預見到了今後的中英衝突，能做中國歷史上最著名的威福天子，的確還是有他自己一套的。

　　所以馬戛爾尼的隨員安德後來憤憤不平，而又極其精闢地總結英國政府第一次與中國政府官方的交往過程：「我們的整個故事只有三

句話：我們進入北京時像乞丐；在那裡居留時像囚犯；離開時則像小偷。」但馬戛爾尼在南下的過程中，卻發現清政府的貪污腐敗已是病入膏肓。比如乾隆皇帝批准給使團的招待費，當時算是一個駭人的鉅款（每天 5 千兩白銀），但大多數已被經手的官員剋扣中飽。在馬戛爾尼看來，大清帝國只不過是一艘外強中乾的「破船」罷了。

馬戛爾尼在其《紀事》中寫道：「中國自滿洲韃靼佔領以來，至少在過去一百五十年裡沒有進步，或者更確切地說反而倒退了。」「滿洲人打仗愛用弓箭，當我告訴他們，歐洲人已放棄弓箭而只用來福槍打仗時，他們愕然不解，認為在奔馳的馬上射箭，比站在地上放槍豪邁。」「清政府好比是一艘破爛不堪的頭等戰艦，它之所以在過去一百五十年中沒有沉沒，僅僅是由於一班幸運、能幹而警覺的軍官們的支撐，而它勝過鄰船的地方，只在它的體積和外表。但是，一旦一個沒有才幹的人在甲板上指揮，那就不會再有紀律和安全了。」

1840 年，中國人終於懂得了這句話的真實含義！如果說明崇禎十年（1637 年），英國人威代爾率領 4 艘戰艦進入珠江口與虎門炮臺對射是西方新興的大英帝國對古老的東方中華帝國第一次戰術試探的話，那馬戛爾尼這次就是一次完美的戰略偵察，雖然滿清沒有答應馬戛爾尼的任何一個條件，只是讓他以晉見英王之禮見乾隆皇帝。在虎門對射後的 200 年，馬戛爾尼出使大清後僅僅 48 年，1840 年，鴉片戰爭爆發了，在大英帝國完成了對印度的消化和經營之後，終於有了足夠的膽識和實力與已經腐朽不堪的滿清一決雌雄！

第 四 章

堅船利炮破神州

鴉片戰爭對於中華文明的方方面面，都是一場幾乎帶來毀滅性後果的百年戰爭的開始，但最沉重的災難，還是軍事上的。中國五千年的戰爭史，與外敵作戰，打得再失敗，也還能用「慘烈」這個詞來形容，比如南宋面對蒙古大軍死守襄陽，和擊死蒙哥大汗的「上帝折鞭處」合州釣魚城之戰，雖然明知必敗，卻還是血拼到底，敗也敗得很悲壯。但這一次，面對一個完全不知底細的西方強勢文明的衝擊，面對從戰略、戰術、軍制到武器裝備的全方位落差，這一次戰爭無法再用悲壯，而只能用悲慘來形容。

⚓ 雄獅沉睡

　　鴉片戰爭開始時，當時的中國軍隊面對英國軍隊，和拿著木制兵器的印第安人面對持槍策馬的西班牙人沒什麼區別。清朝有八旗兵約20萬，綠營兵60萬，若論規模，這是當時世界上最龐大的正規軍。而英國兵力小得多，正規軍僅有14萬，戰爭初期陸軍只有愛爾蘭皇家陸軍第18團、英格蘭步兵第26團、步兵第49團和孟加拉志願兵等部3個團4000人，加上海軍也就7000人。戰爭中英軍不斷增兵，但到戰爭結束時滿打滿算也只有2萬人。但就是這2萬人，卻把擁有4億人口和80萬正規軍的滿清打得一塌糊塗，毫不費力地橫掃了中國沿海地區，甚至深入中國第一大內河長江攻城拔寨，如入無人之境。

　　鴉片戰爭為什麼打成那樣一個悲慘結局呢？我們不需要從政治、經濟、文化等諸多方面分析，只從純軍事角度判斷，就知道清軍不敗都不可能。

　　清朝正規軍80萬人，分滿洲八旗和漢軍綠營兩大板塊，八旗是滿清皇族的嫡系部隊，又分京營和駐防兩部分。京營約10萬人，駐紮於北京及附近地區，這相當於今天的北京衛戍區部隊，拱衛國都，不可輕動，而且京營八旗承平日久，父死子替，當年橫掃中國的八旗銳旅早已蛻變成了諷刺名詞「八旗子弟」。

　　老舍先生在自傳體小說《正紅旗下》中這樣描寫了一位守衛皇宮的正紅旗旗兵：「一輩子，他沒有和任何人打過架，吵過嘴。他比誰都老實。可是，誰也不大欺負他，他是帶著腰牌的旗兵啊。」

　　可是大清老百姓不忍心欺負老實兵，不等於洋鬼子不忍心欺負滿清老實兵啊，總之這支成分不是提籠遛鳥的公子哥，就是誰都不忍心

欺負的老實人部隊,誰都不敢指望它能保家衛國,頂多只能靠它守衛京畿大內,幹點別讓「天理教」之類的邪教亂黨衝到皇宮亂放箭的活兒。

而駐防八旗10萬人,一部分保衛東三省龍興之地,包括今天俄羅斯濱海邊疆區的很大一片區域;一部分駐防河北、山西一帶監視蒙古族,一部分戍守西北邊疆(今蒙古共和國和新疆等地),剩下少得可憐的3、4萬人,只能和蒙古人控制中國時一樣撒胡椒麵,一處多則幾百,少則十餘,分別由6將軍4副都統統領,分散監視中國內地各行省,不讓漢人造反。為了維持滿清統治防範漢人異動,這10萬駐防八旗幾乎就不能動用。

而綠營60萬,只能輔助20萬八旗起維持社會治安的作用。須知當時中國已經有4億人口,當時清朝又沒有編設武警部隊和民兵組織,預備役好像也沒聽說過。真靠衙門幾個神捕去維持社會穩定,只有電視劇導演敢那樣想!

所以這60萬綠營都是高度分散駐紮以防民變。歷史學家舉過幾個例子,守衛海防重地的吳淞營,因地位十分重要,共有兵弁1100餘。除200兵弁集中駐防吳淞西炮臺外,其餘800餘名分佈在縣城和35處汛地。也就是說,守衛這樣一個大吳淞要塞區的,集中在一起也只有一個加強連兵力,其餘900人都以小組和班、排為單位分散在36處營地。

而被中國著名文學家沈從文津津樂道了一生的湖南鎮篁鎮,號稱「天下精兵」,編制4107人——「分散汛塘六十七處,駐守碉卡關門哨台七百六十有九」!也就是說這支滿清最精銳之一的陸軍山地部隊4100人,駐守營地有836處!歷史學家因此總結道,我們不能用今日

整師、整團、整營部隊駐紮某一營防的概念，去想像當時的清軍，就他們看到的史科，沒有一支綠營部隊不分汛塘哨卡分散駐紮的，最多的就是 200 餘名士兵集中駐紮一地！毫不客氣地說，清軍不是一支純粹的國防軍，而是同時兼有員警、內衛部隊、國防軍 3 種職能，維持社會治安、保持政治秩序才是清軍最重要最大量的日常任務。康乾之後，在「四夷賓服」的承平假像下，清軍並無固定的強大對手，統治者認為顛覆朝廷的力量在內而不在外，所以清軍基本上蛻化成了一支類似今天英國國民警衛隊、俄羅斯內務部隊和中國武裝員警那樣的內衛部隊。這種情況嚴重到什麼程度？嚴重到清朝全國範圍內沒有一支能夠迅速調動的野戰機動部隊。4 億人口的中國，面對外敵入侵時連一支野戰機動部隊都沒有，這就是歷史的真實！

　　所以面對英國人的驟然入侵，滿清只能臨時抽調各地兵力增援沿海戰區。由於一支機動作戰部隊都沒有，臨時抽調是鴉片戰爭中清軍集結的惟一辦法！而且清廷甚至都沒辦法整建制地抽調部隊，而是採取一個駐防點抽一兵至數兵由各地拼湊成軍的方式緊急趕往戰場！

　　據統計，3 年鴉片戰爭中最先開戰的廣東曾得外省援兵 1.7 萬人，分別來自湘鄂贛雲貴川桂七省；打得最慘烈的浙江戰區共得外省援軍約 2 萬人，分別來自閩皖蘇贛湘鄂豫晉川陝甘桂 12 個省的數千個駐防點。這些臨時拼湊的部隊，兵兵不熟，將將不親，戰鬥力可想而知。而就是從大清人口最多的這十多個內地省份抽調這 3.7 萬人，已經超過了各地所能抽調兵力的極限，接到調兵令後，各地督撫紛紛奏稱「實無一兵可調」，極為擔心當地「鹽梟」、「爛匪」借機生事，最後又只好抽回一些。4 億人口的大國在全國範圍內抽調 3.7 萬步兵就已經焦頭爛額，可見清朝後期國防靡爛之一斑。

　　所以英軍雖然初期只有 7000 人，後期也僅 2 萬人，但這全都是機動作戰部隊，而且憑藉強大的機動能力，反而能集中兵力自由選擇戰場，在具體的戰鬥中佔據數量優勢，以多打少，將兵力高度分散的清軍各個擊破。在 3 年鴉片戰爭規模較大的 12 戰中，定海之戰、沙海大角之戰和鎮江之戰，英軍都能佔據兵力優勢，其餘戰役中兵力也都和清軍相差無幾。

　　這種情況只從 1840 年 8 月英軍抵達天津海口時的情況就可見一斑。面對海面英軍龐大的艦隊，直隸總督琦善緊急奏報朝廷：「天津有城兵共止八百餘名，其餘沿海葛沽、大沽海口等三營，葛沽止額設兵一百餘名，餘二營均止數十名不等，兵力較單。」所以在鴉片戰爭中的各次戰鬥中，由於遠超清軍的高度的機動性，橫跨三洋而來的數千英軍反而能常常佔據兵力優勢。

　　而論兵員的素質，英軍此時征戰全球 200 年，從印度洋到非洲的沙漠，從阿富汗高山到北美的草原，對各種異國的氣候與地形適應能力是驚人的。而且英軍士兵基本是志願兵，軍官都經過嚴格的軍校教育，是典型的職業軍官。直到今天，英軍的職業化程度還是全世界最高的，當時不論是英國陸軍還是英國海軍，都是世界上戰鬥時間最長、戰鬥經驗最豐富的精兵，戰鬥力之強在當時的世界上首屈一指。

　　而滿清當時的兵役制度，既非志願制，也非義務制，甚至也不是傳統的募兵制，實際上演化成了世襲制間雜少量募兵制的稀奇古怪大雜燴。擁龍入關的滿洲八旗，旗兵世代接替吃皇糧就不用說了，而綠營也募制世襲的兵戶。這種遺風直到清末民初還在流行，民初著名將領馮玉祥就是光緒年間補上父親的缺當了兵，當年他才 11 歲！而清軍士兵一旦被募後，就成為終生職業，因為清軍也沒有明確的退役

制度！

歷史學家調查了中英第一次廈門之戰中 9 名清軍海軍戰死士兵的檔案，結果發現這 9 名在號稱精銳的福建水師服役的士兵中，年紀最小的約 22 歲，年紀最大的卻已經有 59 歲！歷史學家還發現，這 9 人大多都已娶妻生子，但其中 6 人的家庭情況記載了母親的姓名，卻只有 2 人記載了父親的姓名，所以歷史學家推斷，這是因為他們當兵，很可能是由於補了父親亡故之後的缺。

清軍也根本沒有正規的軍校，不要說高級指揮院校，連培養連排級基層指揮軍官的初級軍校都沒有。4 億人的大國，一所軍校都沒有！所以除非世襲貴族和與軍隊有相當關係背景者，普通百姓想在清軍混上一官半職，只能通過科舉考試。那麼清朝的武科考什麼呢？

外場考舉石（為射箭做準備）、騎射（騎馬射箭）、步射（站著射箭）、拉弓（還是射箭）、還有舞刀。通過外場考試後才能入內場，再以傳統的《孫子》、《吳子》等五經七書為論題考策論兩篇。

就是這樣中古世紀選拔軍官的辦法，到了清朝中期之後也因應試者文化水準太低難以堅持而更加鬆懈。因為內場考試錯誤百出，嘉慶年間遂統統改為默寫《武經》百餘字，也就是說，你只要會寫這 100 多個字，你就能通過清朝軍官的文化水準考核。而外場武科舉的考試最後竟統統集中為一項，拉硬弓！結果，清軍選拔軍官的標準最後澈底退化成了比試膂力，甚至有中試者根本不識字之事。按這個標準，今天的中國軍隊總參謀部只要把奧運舉重隊拉上去就可以勝任了。

所以我們今天看清末，實在是因為長期封閉導致了太多的荒唐。在中國歷史上，軍人的社會地位一向不低，但是到了清末，卻流行開了「好鐵不打釘，好男不當兵」這句違背中華文化傳統的俗語。為什

從鄭和的大航海時代到東瀛崛起

麼？因為當時清朝軍隊官兵的素質實在太低。由這樣低素質的軍官和士兵組成的軍隊怎麼可能有戰鬥力？怎麼可能不腐敗？所以當時清軍內部，軍官吃空額剋兵餉，小兵則剝削百姓索賄成風。當時軍官吃空額吃到什麼程度？後來的湘軍三傑胡林翼在任貴州知府後私下說，貴州綠營普遍缺額過半，偏遠營汛甚至僅存額兵的六分之一，也就是說，其他六分之五的軍餉都被軍官私吞！偏遠地區如此，京畿駐軍也照樣如此，吏部右侍郎愛仁就奏稱，京師「步兵營額設甲兵共二萬一千餘名，風聞現在空額過半」，其腐敗真是讓人瞠目結舌。

所以當時曾任福建汀漳龍道的張采馨向林則徐討教，如何改變福建水師兵匪一家的局面，林則徐曰：「雖諸葛武侯來，亦只是束手無策。」

而後來督練湘軍的曾國藩，這樣一個溫文儒家君子，談起當時的軍隊亦忍不住破口大罵：「國藩數年以來，痛恨軍營習氣，武弁自守備以上，無不喪盡天良！」

以這樣的封建腐爛軍隊，對陣當時正如日中天的英軍，就算一代天驕成吉思汗復生，不但他的4大幹兒朵500個老婆保不住，他自己恐怕都只好被英國人捉去當俘虜了。

武器裝備的優劣，中英雙方也已形成可怕的落差。英國海軍雄霸七洋300年，公認世界第一，1780年擁有各類艦船500餘艘，主力是排水量千噸以上、裝炮70門以上的風帆戰艦，甚至此時連蒸汽動力的鐵殼輪船也已投入使用。

而清軍此時4種主力戰船的戰鬥艦「趕繒船」改自明清沿海漁船，排水量90噸。雙篷船48.05噸，快哨船最大103.5噸，另兩種噸位更小。火力則相差更遠，清軍兵船一艘配炮10門，多為幾百斤至千

餘斤的中小型鑄鐵炮，射程 300 米～ 400 米，火炮泥模鑄成，炮身多有蜂眼，極易炸膛。炮膛加工，凸凸凹凹，射擊精度極差。船上還裝有大量的火罐之類的投擲火器，甚至還訓練水兵使用弓箭。直到 1872 年，中國兵船上才完全廢除了冷兵器。所以當時清軍雖有 1000 餘艘戰艦，1832 年來華進行戰略偵察的東印度公司德籍傳教士郭士立在深入瞭解中國海防情況後斷言：「由大小不同的一千艘船隻組成的整個中國艦隊，都抵禦不了一艘英國戰艦。」

面對如此懸殊的實力對比，鴉片戰爭中中國海軍在穿鼻海戰中慘敗後，基本沒有打過海戰，只能依靠海岸陣地和炮臺，打海岸保衛戰，那中英火炮又是怎樣一個對比呢？同樣還是高級間諜郭士立，他對中國吳淞口的軍事設防如此評價：「炮臺是一座極為巨大的結構，……可是最蹩腳的軍隊也能攻破它。」

郭士立一點也沒有誇張，此時歐洲的海岸炮臺早已發展成為一個包括由核心炮臺組成的多重堡壘，四通八達的掩蔽通道和屯兵設施構築完整的築壘體系，炮位全部隱蔽並有安全的防護，而大清的炮臺還是最原始的小高臺，上面直接架炮而已。這樣的海岸炮兵陣地對於久經沙場、發動過無數次對岸攻擊的英國海軍來說無異於活靶，事實上，鴉片戰爭中，所有英軍加以攻擊的中國炮臺全部被很輕鬆地攻下來了。

郭士立還對中國的火炮做了如此評價：「我確信有些炮對炮手們要比對他們所瞄準的敵方更加危及性命。」郭士立這話同樣是實事求是。清朝的金屬冶煉技術落後，爐溫低，鐵水無法提純，雜質多，而且是採用泥模鑄炮，氣孔氣泡多，開火時極易炸膛，這種雜鐵炮常常不但打不死敵人，反而會炸死射手。1835 年，廣東水師提督關天培為虎門

炮臺新制大炮 40 位（當時清朝大炮的計量單位是「位元」），結果試放過程中當場炸膛 10 位，炸死兵丁 1 名，炸傷 1 名，另有 5 位火炮還有其他問題，關天培檢查時發現「碎鐵渣滓過多，膛內高低不平，更多孔眼」，其中有一空洞「內可貯水四碗」！

操縱這樣的爛炮打仗，清軍炮手祈禱的不是開火時打中敵人，而只能是不要傷著自己。

而英國經過工業革命，冶煉技術得到極大發展，此時已有炒熟鐵爐 3400 座，每爐產量達 1.6 噸，當時的熟鐵產量已占中國以外世界產量的一半以上。冶鐵品質穩定不說，鑄炮也採用鐵模進行大規模工業化生產，而且用鏜床對炮膛內部切削加工，使之更為光潔！

鴉片戰爭中的絕大多數戰鬥，都是清軍的海岸炮與英軍艦炮之間的決鬥，正是因為這可怕的火炮技術差距，硝煙散去之後，中國人不得不接受悲慘的事實：清軍在 3 年戰爭中未能擊沉英軍的一艘戰船和輪船，自己被攻擊的海岸炮兵陣地則全部被英軍徹底擊毀。

最後，中英雙方參戰軍隊的機動能力也值得一提，由於擁有當時最現代化的海上交通工具，當時英國艦船從南非開普敦馳至香港只需 60 天，從印度開來僅需 1 個月，即使直接從英國本土將軍隊運至中國沿海參戰也只需 4 個月！戰鬥中蒸汽機輪船的使用更大大提高了英軍的調動速度，1841 年英國全國代表從印度孟買赴澳門僅用了 25 天！

而反觀中國軍隊，除河流地區可以通航外，內地省份調遣士兵趕赴沿海戰場，基本上只能靠雙腳走路。歷史學家計算了清軍 19 批援軍的行進速度後得出了結論，當時清軍鄰省調兵速度為 30 至 40 天，隔省 50 天，隔三省 70 天，隔四省則高達 90 天以上才能趕到戰場！

更可怕的是，由於道路狹窄和毫無兵站供給設施準備，只能靠地

方官臨時籌措糧草，結果內地每省費了九牛二虎之力拼湊出的 1、2000 步兵甚至不能集團開進，只能分成至少 5 批，每批 200 人左右，拉開數天距離分批開進，不然地方無法補給！所以就算這些部隊投入作戰，也只能打成最忌諱的添油戰術。

正因為雙方在交通運輸上的差距，所以當時英軍佔領中國的舟山群島後，從舟山派船至印度孟買裝載兵員和補給品的來回時間，幾乎比清軍從四川調兵至廣東，或從陝甘調兵至浙江的時間還要短！所以在鴉片戰爭中，由於科學技術的差距，遠距本土 1 萬多海浬進行外線作戰的英軍補給和補充兵員，比交通線僅 1 千多公里進行內線作戰的清軍增援都要方便得多。廣西兵之能戰自古聞名中國，戰爭中道光皇帝調了 1000 廣西精兵緊急增援浙江寧波前線。70 天後，在山地長大、步行速度極快的 1000 名廣西兵的頭批、二批 550 人終於趕到寧波，後兩批 450 名尚在途中急行軍，而英軍此時卻已經放棄寧波，攻陷了乍浦、吳淞，浩浩蕩蕩開進了長江，該部又緊急趕往江蘇，由於英軍機動速度太快，結果一直到戰爭結束，這 1000 廣西精兵也未能趕上任何戰鬥，只能不停地在路上疲於奔命！

正是由於軍事力量全方位的可怕差距，鴉片戰爭清軍的表現只能用悲慘來形容。

一位戰略間諜胡夏米早在 1853 年就向巴麥尊提出了軍事侵華方案。胡在致巴麥尊的信中說：「採取恰當的策略，配以有力的行動，只要一支小小的海軍艦隊，就萬事皆足了。……各型船隻 12 艘，士兵 2940 人。這支武裝足夠達到我們所嚮往的一切目標，這些行動的結果，會在很短的時間內把沿海清廷海軍的威信全部一掃而光。」

建議用區區 3000 人來打 4 億人的大清，胡夏米真是看透了大清國

防的虛弱。如果一定要找出清軍戰鬥中的什麼亮點，那就是清軍的高級將帥，從道光帝開始，到林則徐、琦善、關天培這些前線指揮官，儘管在戰略戰術上或許有不同看法，但在和英國侵略軍對陣時，他們中沒有孬種，一個都沒有，幾乎都能跟英軍死拼到底，戰爭中沒有一個清軍將領投降。3 年鴉片戰爭中，從相當於軍區司令級別的高級將領到要塞區司令，甚至包括戰地民政最高長官，四分之三的清軍前線指揮官在英軍密集的炮火下，都做到了與陣地共存亡，死在了自己的防守陣地上。

⚓ 災難爆發

鴉片戰爭可分 3 個階段，從林則徐禁煙起到 1840 年 7 月英軍進攻浙江舟山定海，這是英軍對中國的偵察試探階段。

林則徐禁煙後，中英雙方衝突不斷，最大的交火是穿鼻海戰。廣東水師提督，時年 58 歲的關天培率領旗艦親自指揮了這場海戰。外國人是這樣描寫這場海戰的：

「到 1839 年 10 月末，欽差大臣下令所有英國船隻 3 天內離開廣州。義律立即乘坐窩拉疑號駛向虎門，後面還跟著海阿辛號。……船隊到達接近河口穿鼻的時候，已經是 1839 年 11 月 2 日，他們遇上一支大清艦隊，其中有 15 艘帆船、14 艘火船，艦隊首領就是德高望重的關天培將軍。

「義律沒能使關天培相信他的船並非故意製造軍事威脅，而此時關天培的艦隊開始擺出一個陣勢，以便攻擊停靠在虎門下游的英國商船隊。就在關天培佈陣的時候，前往廣州的皇家薩克遜號正好到達事發

地點。由於義律極力要避免與擔麻土葛號同樣的尷尬，窩拉疑號船長亨利‧史密斯便發出一發炮彈，滑過皇家薩克遜號船頭，以示阻止它進入這條河，史密斯同時警告關天培不要接近英國船。關天培並沒有被嚇住，但也小心翼翼，不想挑起全面衝突。關天培把艦隊停在英國戰船及其想要保護的商船之間。史密斯對於自己所處的戰術位置非常擔心，不斷要求發動進攻，但是義律猶豫不決。

「第二天，即 1839 年 11 月 3 日，義律迫於史密斯的壓力而屈服。英國船隻靠近了大清戰船，並且從側面向其開炮。中國船隻上面固定的大炮無法很好地瞄準，炮彈都從英國船的桅杆上面飛走。一陣齊射，炮彈正好擊中一艘清船的彈藥庫，這艘船在爆炸後下沉。窩拉疑號繼續在近距離發動攻擊，中國人開始害怕了。之後又有 3 艘中國戰船被擊沉，其他船上的船員紛紛跳船。全部中國船隊都離開，只有關天培的旗艦留下，繼續向英國船隻開火，這簡直就是自殺。關天培這一艘船隻能造成微乎其微的威脅，然而義律對於這位老人的勇氣感到非常震驚，命令史密斯不要再開炮，允許這艘破損不堪的旗艦開走。現在通往廣州的路已經暢通了。」

這場海戰後來被稱為穿鼻戰役，但是這次小摩擦並沒有讓中國人在未來的海戰中吸取教訓。26 艘清船是大清所能聚集的最大船隊，卻被 2 艘英國小戰船打得落花流水。英國方面沒有出現任何重大的傷亡（只有一名士兵受傷）。中世紀再次與現代發生衝突，結果看來是上天註定的。

總之，從東西方的史料看，關天培的無畏是這場海戰中中國軍隊的惟一亮點，連敵人都對這位真正的老軍人表達了崇敬之情。只是這樣的近代化戰爭，再也不可能像冷兵器時代那樣，能靠統帥個人的勇

猛扭轉戰局了，關天培這位 60 歲老將的英勇真是讓人倍感淒涼。

穿鼻之戰後，清軍徹底喪失了制海權，林則徐只能放棄強行驅趕洋船的設想，部署「以守為戰」，拼命加固珠江防線防止英軍突破虎門內犯。這時英國外相巴麥尊卻轉而命令英軍避實就虛轉攻浙江舟山定海，從此鴉片戰爭進入第二個階段，英軍封鎖中國沿海階段。

許多華人至今認為英國軍隊是畏於林則徐的嚴密佈防而轉攻舟山的，這是誤解。如果英軍全力進攻，以當時的軍事力量對比和林則徐的迎敵方略──一旦英軍突破虎門，則以戰船貼上去打接觸戰和火船火攻的陳舊戰術，毫無疑問會照樣慘敗。實際上，英軍轉攻舟山行動，是在執行巴麥尊的訓令。

1840 年 2 月 20 日，巴麥尊致海軍部的公函中稱，在廣東「不必進行任何陸上的軍事行動」，「有效的打擊應當打到接近首都的地方去」。同日，巴麥尊給懿律和義律的訓令中，規定作戰方案為「在珠江建立封鎖」、「佔領舟山群島，並封鎖該島對面的海口，以及揚子江口和黃河口」。英國遠征軍海軍司令伯麥和懿律對此是完全照辦。所以，英軍只留下 5 艘軍艦在封鎖了珠江口後，主力便轉舵北上直撲舟山，這是非常高明的戰術機動，典型的避實就虛，擊敵要害，而決非英軍害怕林則徐的武備。後來的事實也證明，英軍擁有澈底擊敗林則徐的制勝武力。

1840 年 7 月 3 日，英軍戰艦布朗底號炮擊廈門清軍海岸炮陣地，翻譯羅伯聘號稱「英軍狠狠教訓了清軍」，稱英軍毫無傷亡，清軍戰死 9 人，受傷 16 人。

1840 年 7 月 5 日，英軍開始攻擊舟山定海，西方史料這樣記載：

「舟山一共有 1600 名士兵，但顯得可悲又可笑：這支軍隊是由漁

夫和水手組成，他們的武器也只有弓箭、長矛和火繩槍，只經過 1 年的訓練。12 艘大清國戰船尾隨著英國艦隊，但保持著一個安全的距離。亞瑟・戈登爵士認出一艘船上懸掛著一面旗幟，顯示出船上坐著的是一位高級官員，英國人希望跟那位官員談談。和上次在廈門所遭受的惡意對待不同，英國人被邀請到旗艦上。伯麥和他的翻譯卡爾・郭實臘乘船靠近。在中國旗艦上坐著的那位高級官員並非海軍官員，而是當地駐軍的司令（即定海總兵張朝發），伯麥直截了當，切中要害：要麼交出舟山，要麼面對由此而出現的後果。清人不為所懼，選擇了後者。伯麥並沒有實施自己的威脅，他不但沒有摧毀清軍腐朽不堪的船隻，反而邀請那位清廷官員和他的下屬登上威裏士厘號，並以酒飯款待，或許想以此讓這位司令緩和自己的態度，但這只是徒勞。一位清廷官員（即定海知縣姚懷祥）的勇氣給郭實臘留下了深刻印象。據他回憶，這位官員在仔細觀察了裝有 74 門大炮的威裏士厘號之後說：『是的，你強大而我弱小，但我仍要戰鬥。』」

飯後，伯麥再次要求中國投降，並限在 24 小時內答應。同時，岸上的清人已經開始準備戰鬥，用大米塞滿「沙包」，用來加固定海城牆。24 小時的限期已過，但沒有投降，伯麥乘著威裏士厘號慢慢靠岸。這只是一時嚇唬，在中午之前，他們不敢貿然發動水陸兩面的進攻，而是要等到中午時 6 艘英國戰艦到達進攻地點之後。7 月 5 日下午 2 點，伯麥命用 74 門大炮中的一門向一個小漁村中的一座炮臺開火。這只是對 1 英里之外的定海進行的一種威懾。清人非常有禮節地放了 1 顆炮彈。接下來，伯麥發出一排一排炮彈，足足打了十多分鐘。同時，18 旅的喬治・布勒爾中校率領先頭登陸部隊上了一艘小船。

令人費解的是，當這支突擊隊接近岸邊的時候，清人停火了。英

國人趁機把 4 艘中國戰船打得粉碎，並且毀壞了其他船隻，英國大炮摧毀了炮樓和海堤。「岸邊傳來木頭爆裂、房屋倒塌和人的呻吟聲。就在（轟炸）結束後，我們還聽到那幾艘中國帆船上發射了幾發子彈。我們登上了空無一人的海灘，幾具屍體，弓箭、斷裂的長矛和槍支是在這個地方惟一的遺存。」一位登陸部隊成員這樣說道，「這支部隊不費一槍一炮就上了岸，因為那裡沒有人戰鬥。從這空曠的海灘上可以推測，清朝守軍幾乎是在戰鬥一開始就已經逃走了。當地勇敢的將領、定海總兵張朝發曾經發誓，不管力量如何懸殊，一定要戰鬥到最後，而此時他乘著一頂轎子撤退，因為他的雙腿都被英國戰船上的炮彈打斷而無法行走。地方長官和幾名手下在潰敗之後都自殺了。」

中國史料記載，此戰定海總兵張朝發傷重不治，戰後 10 天死亡。剛上任一個月的定海知縣姚懷祥在定海城北投水自殺。此役大清軍民死亡 2000 人，英軍戰死 19 人。

仗打到這個程度，後世卻發現，在保管了大量清代檔案的中國第一歷史博物館裡，保管道光皇帝對「鴉片戰爭」的諭旨，竟歸於「剿捕檔」，也就是說清朝將中英兩國之間的戰爭，竟然看成了剿匪和平亂性質的鎮壓反革命事件！

8 月 11 日，從定海轉航北上的英軍艦隊主力按照巴麥尊的部署出現在天津城外的大沽口，已直接威脅到北京的安全。先前強硬主剿的直隸總督琦善按道光皇帝的旨意接受了英國遠征軍司令懿律致琦善的「諮會」，按照清代官方檔的格式，「諮會」是一種平行文書，再也不是以前英國人上呈給天朝的「稟帖」。義律等人盼望已久的中英兩國平等文書的直接交往，終於在大沽口外以炮艦壓境的方式得以實現，中國封閉已久的國門正在慢慢被英國的炮火轟開。

　　也就是在接受英軍「諮會」的過程中，琦善看到了中英間巨大的軍事實力差距。在給道光的奏摺中，他如實彙報了對英國海軍力量的第一觀感：「見到英吉利夷船式樣，長圓共分三種，其至大者，照常使用篷桅，必待風潮而行，船身吃水二丈七八尺，其高出水處，亦計二丈有餘。艙中分設三層，逐層有炮百餘位……火焰船……舟中所載皆系鳥槍，船之首尾，均各設有紅夷大炮一尊，與鳥槍均自來火。其後梢兩旁，內外俱有風輪，設火池，上有風斗，火乘風氣，煙氣上燻，輪盤即激水自轉，無風無潮，順水逆水，皆能飛渡。」

　　此後，對英軍實力終於有了初步認識的琦善由主「剿」而轉為主「撫」。英國軍事技術之先進對琦善內心衝擊之大是可想而知的，雖然他不敢也不可能把這種衝擊說出口。當時滿清朝廷不論是主「剿」派也好，主「撫」派也好，都是清廷內部高層對完全摸不清底細的「英夷」的策略之爭，都不是投降派，不說別的，當時還在以「天朝上邦」自居的中國大臣，斷斷不會有屈尊向下邦藩國投降的念頭。

　　事實上，失去了道光皇帝信任被革職的強硬派林則徐，在同朋友私下的交談中，也坦率地認為中英軍事力量對比差距實在太大。林則徐只差一句話沒說出口——這仗沒法打！

　　值得一提的是，林則徐在貶謫途中經過鎮江，與當時中國最優秀的思想家魏源相會一日，將自己組織翻譯的《四洲志》等外國資料全部贈給了魏源，並將自己與洋人打交道的所有經驗教訓都坦誠相告，深受刺激的魏源在林則徐贈與的這批資料基礎上，搞出了晚清第一部介紹外部世界的史地著作《海國圖志》100卷，東傳後對日本明治維新也起到一定的作用。

　　被貶謫新疆後，林則徐敏銳地注意到了當時沙俄對中國西疆的野

心。此後林又被朝廷起用，在告病歸故途中，於長沙邀請當時只有37歲正在當農民的舉子左宗棠一晤，兩人於湘江舟中做竟夜之談。深喜左宗棠人品才華的林則徐將自己在新疆積累的所有資料全部送給左宗棠，並直告左宗棠，今後西定新疆，抗擊俄人侵略，唯有寄希望於左氏。正是這次歷史性的會見，林則徐對左宗棠以後70歲抬棺西出玉門，收復西北，恢復新疆，抗擊美、俄、法列強的反侵略事業，起了巨大作用。左宗棠以後封侯拜相，官做得比林則徐更大，但一直認為與林則徐會見是他一生中的「第一榮幸」！

林則徐告老回鄉第二年，廣西天地會起義，林則徐再次被咸豐皇帝任命為欽差大臣前往鎮壓。為國事焦慮萬分的林則徐，一路上按許多傳統士大夫的習慣夜觀天象推測國運，途中病死於廣東潮州。臨死，這位中國睜眼看世界的第一人尚高呼三聲「星斗南」方才氣絕。

當時英國對清廷的情況也並不十分摸底，以為按照傳統戰法封鎖沿海地區就能迫使清人妥協，哪裡又知道，道光皇帝就盼著閉關鎖國，永遠不要和這些沒有禮數的野人打交道才好，所以英國人封鎖沿海正合道光皇帝的心意。只要洋鬼子不上岸，英國人把中國海岸封得越死，道光爺越高興！這是詭計多端的英國人萬萬沒有想到的，所以中英雙方根本就談不攏。於是英方更加加大對清廷封鎖力度，對沿海軍事各鎮發動了一系列攻擊戰，試圖以打逼談。這裡面打得最慘最激烈的戰鬥是虎門之戰、二次廈門之戰和二次定海之戰，也是最能反映當時中英軍事力量差距的戰鬥。

因為長期直接面對洋商堅船利炮的壓力，虎門是當時毫無疑問的第一軍事重鎮，虎門守將、廣東水師提督關天培也是當時清廷無可爭議最熟悉英軍情況的前線將領，而且關天培是當時少有的靠真才實學

升遷上去的軍事指揮官，指揮能力之強在清朝水師之中絕對排名第一。1826 年他以吳淞營參將身份押解糧船 1254 艘出長江口揚帆北上，其間雖有 300 多艘因風潮漂至朝鮮，但皆覓道而歸。當浩浩蕩蕩的船隊馳入天津港時，百萬斛漕糧顆粒無差，3 萬名水手一個不少。道光帝聞訊大喜，連續擢升其為參將。總兵，又於 1843 年將其調升廣東水師提督，把守中國南大門。

作為一個老牌職業軍人，關天培在中英交惡前已嗅到了越來越重的戰爭氣息，他的前任廣東水師李增階，就是在與英國首任駐華商務監督律勞華的小規模衝突中吃了敗仗後被罷官的。接任後，關天培親任虎門炮臺的總設計師，花了整整 5 年時間對虎門要塞、9 座炮臺進行了大規模的整修加固，以 9 台 10 船 426 炮 2028 人的戰時編制進行高強度訓練，組成 3 道防線封鎖珠江防線，防止英國竄入廣州。野史故事裡說接任林則徐的琦善為了討英國人歡心，炸掉了把英國人打得抱頭鼠竄的 8000 斤大炮，拆掉了虎門防線，這完全是胡扯。事實上，不管是林則徐還是琦善，都在不遺餘力地幫助關天培加固虎門要塞，結果到了交戰時，虎門這樣一個狹小地區的清軍兵士總數竟達 11000 名以上！虎門地區的火炮和兵士超過中國當時所有的沿海要塞，增兵已至極限，琦善奏稱「炮臺人已充滿」，「亦復無可安插」。兵力密度大到再增兵即成英軍炮火活靶。所以琦善戰後被查辦時對增援虎門不力這一條罪名是堅決不認帳的。

即使沙角、大角初戰失敗，英軍同意清軍停戰的條件之一是「應將現在起建之炮臺各工停止，不得稍有另作武備」時，關天培仍施以緩兵之計，不顧已經與英軍達成的停火條件拼命加強工事，增設火炮和炮位，戰後英軍稱在虎門地區繳獲火炮 660 門以上！

　　所以可以說，當時的各級中國指揮官都盡了最大的努力加強虎門這個中國最強大的海防要塞，林則徐、琦善和前線指揮官關天培都做了他們能做到的一切，但是當英軍大舉進攻時，這個中國當時最先進的要塞卻立刻成了一堆劈柴。關天培原來的作戰計畫是封控珠江航道，萬萬沒有想到英軍胃口大到直接登陸來攻擊他的炮臺。英軍用炮艦正面轟擊，陸軍則直接在穿鼻灣登陸，迂迴攻擊沙角炮臺，結果林則徐等人以為膝蓋不能拐彎的「逆夷」，陸戰打得比清軍更漂亮。英軍以登陸部隊側翼迂迴配合艦隊正面攻擊，連續作戰，各個擊破，僅以38人受傷一人未亡之微小代價即斃傷清軍744人，攻取了沙角炮臺和大角炮臺。

　　沙角炮臺守將陳連升出身湖北鶴峰土家族，最後時刻拔出腰刀直沖敵陣，當即中彈戰死。這是近代中國第一位為國捐軀的少數民族將領。

　　沙角、大角之戰失敗後，清軍士氣大沮，關天培為安撫士兵留防，將自家衣服都典質當鋪，每兵給銀2元勵戰。琦善亦撥銀1.1萬元，發給關天培勞軍。關天培更將脫落牙齒和幾件舊衣寄給家眷，以示血戰必死之心。

　　2月25日上午10時英軍艦隊開始進攻，到下午5時即結束戰鬥，佔領了整個虎門要塞，俘虜清軍達千餘人。而當日下午2時，年逾六旬的老將關天培就已戰死在陣地上。當時英軍登陸兵已蜂擁而上，最後時刻為不辱國家尊嚴，關天培令侍從孫長慶帶走提督關防大印突圍送回省府，孫長慶要與關天培同死，關天培執腰刀將其逼走，只留遺言：「吾上不能報天恩，下不能養老母，死有餘恨。汝歸告吾妻子，但能孝吾親，吾目瞑矣。」戰死時雙目圓睜，挺立不倒，英國人記載他的

屍體胸前還插著刺刀，連英國侵略軍的將領亦感其忠勇，稱其為「最傑出的元帥」，並准其老僕收屍。關天培老僕收屍時，英軍已將清軍戰死者屍體掩埋，老僕扒開浮土，找出了已被炮火燒焦一半的關天培屍體，停泊近旁的伯蘭漢號軍艦鳴禮炮一響──「對一個勇敢的仇敵表示尊敬」。關天培出葬的那天，「士大夫數百人縞衣迎送，旁觀者或痛哭失聲」。

而防守廈門的是接任鄧廷楨的閩浙總督顏伯燾。顏伯燾是絕對的主戰派，曾任雲貴總督，搞錢那是非常的有一套，但是做事那也是相當的厲害。顏伯燾堅決要求起用林則徐，打心眼裡瞧不起主張同「逆夷」談和的琦善、伊里布等人。到福州上任後，顏伯燾乾脆把全省事務破例交給福建巡撫代拆代行，自己只幹一件事，加固廈門防線，一定要讓「逆夷」嘗嘗中國人的厲害！

他的前任鄧廷楨要銀子加強廈門防務只敢 10 萬 10 萬地要，而且只要到一次，第二次就被惜財如命的道光帝痛罵了一頓。顏伯燾才不管那些呢，一要就是 150 萬兩！看到顏伯燾要錢的奏摺，被這廝的好胃口嚇到眼睛瞪得不敢置信的道光只好痛批「力加撙節」後，如數撥給了這個自己剛剛「三日之內，五次召見」的新寵臣，結果這傢伙幾天就把 150 萬兩銀子花光，不久新任福建巡撫劉鴻翱又根據顏伯燾指示申請再撥軍費銀 300 萬兩！顏伯燾是真能貪錢，真能花錢，但他造的工事也真是那麼回事！他監造的防禦工事好到什麼程度？好到英軍工程師戰後考察防線都歎為觀止，專門在著作中繪出「顏氏防線」工事內部構造圖作為戰鬥防禦工事範例！

而另一名英國軍官考察廈門防禦工事後感歎：「就憑所以使炮臺堅固的方法，即使戰艦放炮到世界的末日，對守衛炮臺的人，也極可能

沒有實際的傷害。」

　　根據顏伯燾的奏摺和英軍記載,顏伯燾的主陣地是一道當時中國最堅固的線式永久性炮兵工事——石壁。這道石壁長 1.6 公里,高 3.3 公尺,厚 2.6 公尺。每隔 16 公尺留一炮洞,共安設大炮 100 位。石壁的外側還覆以泥土,取「以柔克弱」之意,防止英軍炮彈擊中石壁後炸起碎石傷人。石壁之後,又建有兵房屯軍,側後再以圍牆屏護。整個廈門防線以這道石壁工事為核心,設炮 400 位,守軍 5680 人,另雇兵丁 9274 名各保地方。所以在築成這個中國當時最強大的要塞區之後,顏伯燾向道光皇帝誇口:「若該夷自投死地,惟有痛加攻擊,使其片帆不留,一人不活,以申天討而快人心。」英軍若是不攻廈門,滿懷必勝之心的顏伯燾定會感到萬分沮喪。

　　但是戰事一起,英軍僅以 2500 人用 2 小時即攻陷以石壁為核心的清軍防禦主陣地。英國人記載守將清軍總兵意識到戰鬥失敗後,逕自向英國戰船方向大步走去,像是準備用血肉之軀擋炮彈。這位名叫江繼芸的總兵最後投水自盡,副將淩志等七員將佐戰死,坐鎮督戰的顏伯燾目瞪口呆地看著自以為天下無敵的工事,被英國侵略軍摧枯拉朽一般擊垮,與當時一起觀戰的興泉永道劉耀椿「同聲一哭」,號啕之後只得率福建文武官員連夜偷渡逃回大陸。此役英軍僅戰死 1 人,受傷 16 人。

　　而在第二次定海之戰中,主戰最烈的兩江總督裕謙痛罵主和的琦善是「奸臣」,一道彈劾琦善的奏章文雄詞勁,不知使當時多少人擊節稱快,已獲罪斥革的林則徐見之大喜,親筆謄錄一遍,又在上密密麻麻圈圈點點,圈點處竟占總篇幅一半以上!

　　戰前裕謙為勵戰氣,無所不用其極,他將四名「通夷」的漢奸梟

首船邊，在沿海各廳縣懸掛示眾，以儆效尤，震懾人心。命令澈底拆毀定海還遺存的「紅毛道頭」（碼頭設施）及「夷館基地」，除掉一切英人痕跡以消心頭之恨。一名英國俘虜被其千刀淩遲處死，還有一名白人俘虜被其「先將兩手大指連兩臂及肩背之皮筋，剝取一條」，製作自己坐騎的馬韁，然後「淩遲梟示」，對另一名黑人俘虜亦「戮取首級，剝皮梟示」。又以 5600 名兵士守衛定海，這是鴉片戰爭中浙江守軍最多的地方。

　　裕謙必勝之信念絲毫不亞於顏伯燾，其對敵手段不可謂不狠，戰志不可謂不堅決，信心不可謂不足。結果戰事一起，英軍連軍艦水手總共約 5000 人攻擊定海清軍 5600 人，真正的戰鬥僅僅只進行了 1 天。

　　1841 年 10 月 1 日，英軍清晨登陸發起攻擊，下午 2 時即結束戰鬥。首破曉峰嶺，安徽壽春總兵王錫朋力戰殉國，英軍為洩憤將其屍首剝皮後用刺刀戳爛；二破竹山，浙江處州總兵鄭國鴻帶傷作戰，中炮身亡；最後打破關山炮臺，定海總兵葛雲飛在持刀衝過去與英軍肉搏時身中數十彈犧牲。

　　這就是留名中國近代史的定海三總兵殉國的故事，但很少人知道的是，這場血戰英軍僅戰死 2 人，受傷 27 人！僅僅一水之隔的裕謙在督戰中才發現英軍的陸戰技術，是自己引以為豪的清軍根本不能比擬的。不久英軍攻破鎮海，總兵謝朝思戰死金雞山，兩江總督裕謙北向望闕磕頭後跳水自殺。這一戰英軍連中國的欽差大臣兼兩江總督都給逼死了，自己卻僅戰死 16 人，傷數人（另一說英軍戰死 3 人，傷 16 人）！

　　仗打到這時已有 2 年多，1842 年 5 月 1 日，道光皇帝得知有俘可審，下旨詢問：

「著奕經等詳細詢以英咭唎距內地水程，據稱有七萬里，其至內地，所經過者幾國？

「克食米爾距該國若干路程？是否有水路可通？該國向與英咭唎有無往來？此次何以相從至浙？

「其餘來浙之咖唎、大、小呂宋、雙英（鷹）國夷眾，系帶兵頭目私相號召，抑由該國王招之使來？是否被其裹脅，抑或許以重利？

「該女主年甫二十二歲，何以推為一國之主？有無匹配？其夫何名何處人？在該國現居何職？

「又所稱欽差、提督各名號是否系女主所授，抑系該頭目人等私立名色？至逆夷在浙鴟張，所有一切調動偽兵及佔據郡縣，搜刮民財，系何人主持其事？

「義律現已回國，果否確實？回國後作何營謀？有無信息到浙？

「該國製造鴉片煙賣與中國，其意但欲圖財，抑或另有詭謀？」

慘敗 2 年，仗打到這種程度，連廣東水師提督都已戰死，兩江總督投水自殺，道光帝還在問英吉利離中國有多遠。面對這種歷史的真實，我們除了一聲歎息又還能做什麼呢！

而就在道光皇帝還在試圖搞清英國到底離中國有多遠時，英軍已經開始發動揚子江戰役，3 年鴉片戰爭就此進入了第 3 個階段。英軍直接攻入了中國第一內河長江，準備切斷當時大清的命脈漕運水道——京杭大運河！英軍當時的訓令是「割斷中華帝國主要內陸交通線的一個據點」，即揚子江與大運河的交匯點鎮江。

可以看出，2 年戰爭打下來，英軍對清廷情況越打越熟悉，越打越有信心，而戰法也從戰爭初期的佔領海島，戰爭中期的封鎖海岸，一直打到這時深入內陸截斷滿清王朝的大動脈，可稱是戰法越打越毒

辣。胃口越打越大，氣焰越打越囂張！而此時的清軍戰略戰術絲毫無法應對英軍攻擊，畢竟明清近 5 百年封閉鎖國的惡果是不可能在短短 2 年間能夠彌補的，仗打到這個時候，清軍將士惟一的戰法就是分兵守口，拼死殉國了。

1842 年 5 月 18 日，英軍攻擊乍浦，駐防此地的滿蒙八旗和綠營漢兵殊死抗擊，佐領隆福戰敗自殺，守衛天尊廟的 200 名八旗兵戰至最後全部引刀自刎。漢族官兵亦奮力死戰，一戰犧牲各族官兵 696 人，其中以副都統長喜為首的清軍官員 17 人，漢族士兵 400 人，滿八旗和蒙八旗官兵 279 人。特別是乍浦駐防八旗兵，200 年落戶於此，祖墳與家人皆在此地，戰敗後全家自盡者比比皆是，連英軍打掃戰場時亦為之震驚。此戰英軍斃命 9 人，傷 55 人，為鴉片戰爭歷次英軍戰鬥傷亡的第三位。

攻陷乍浦後，英軍直進長江，猛攻江口要塞吳淞。守衛吳淞要塞的陳化成也是中國近代史上著名的民族英雄。陳時已 66 歲高齡，因愛兵如子，被部下敬稱為「陳老佛」。

陳化成自鴉片戰爭爆發起一直堅持駐紮在炮臺旁的帳篷裡，可謂枕戈待旦。2 年之中，陳化成厲兵秣馬，在吳淞口至上海間連設了 3 道防線。定海三總兵殉國的消息傳來，陳化成老淚縱橫，激勵部下：「武臣衛國，死於疆場，幸也，爾等勉也。」開戰之日，陳化成曉諭官兵：「我今日極力用兵，欲以死報國恩，汝等幸助我全忠節焉。」全軍感奮。戰鬥打響後，陳化成身先士卒，身受七創，直至血盡而死。部將將其屍體匿於蘆葦之中，倖免英軍踐踏，送陳化成靈柩回籍之日，寶山人民焚香道旁，泣於哀野。

吳淞陷落，長江大門洞開，1842 年 7 月 21 日，英國陸軍 4 個旅

6905 人在近千名海軍人員配合下，以絕對兵力優勢猛攻中國長江重鎮鎮江，京口副都統海齡率城內 1600 名八旗兵殊死奮戰，與英軍展開慘烈肉搏，戰鬥持續了 7 天 7 夜，整個鎮江被打成了一片廢墟。

鎮江是鴉片戰爭中英軍攻擊諸要點中設防最薄弱的城市，卻是鴉片戰爭中抵抗最激烈的戰場，更是英軍投入兵力最多、優勢最大的一次，但結果卻以此戰損失為最大，39 人斃命，130 人受傷，還有 3 人失蹤，這一數字在今天來看算不了什麼，但卻相當於清軍設防最堅強的虎門、廈門、定海、鎮海、吳淞諸戰役英軍傷亡總和，所以恩格斯盛讚鎮江守軍：「如果這些侵略者到處都遭到同樣的抵抗，他們絕對到不了南京。」

英軍佔領鎮江，截斷了大清南北水運要道大運河，這相當於今天截斷了中國大陸的京廣鐵路，大清立刻陷入南北運轉不靈的窘境，萬般無奈之下，道光皇帝終於被迫同意簽訂南京條約。

1842 年 8 月 26 日，清廷欽差大臣耆英對英國侵華全權代表即後來的香港首任總督璞鼎查男爵表示願意接受南京條約，在場一英軍軍官寫道：「在歐洲，外交家們極為重視條約中的字句和語法，中國的代表們並不細加審查，一覽即了。很容易看出來，他們焦慮的只是一個問題，我們趕緊離開。」

天朝的大臣們實在受不了這份屈辱。耆英當時甚至提議立即簽字，英國人卻當即拒絕，他們要舉行一個盛大的儀式來慶賀他們的勝利。

1842 年 8 月 29 日，清政府代表耆英、伊里布在泊於南京下關的英軍旗艦康華麗號上簽署了《中英南京條約》，主要內容是同意開放廣州、廈門、福州、寧波、上海 5 處通商口岸，准許英國派駐領事，准

許英商及其家屬自由居住。向英國賠款 2100 萬西班牙銀元，其中 600 萬銀元賠償被焚鴉片，1200 萬銀元賠償英國軍費，300 萬銀元償還商人債務。將香港割讓英國。海關關稅應與英國商定。給予英國嚴重破壞中國司法主權的領事裁判權。

鴉片戰爭終於讓中國人在戰場上領悟到了「封閉就要落後，落後就要挨打，專制必然腐敗，腐敗就要亡國」這句話的含義。

鴉片戰爭的結果是中華帝國閉關自守 500 年的古老大門，從此被英國的艦炮轟開，西方諸強看清了清廷的虛弱，一起趁火打劫，形形色色的強盜一哄而上，在中國人民身上噬骨吮血。持續百年的中國近代大災難開始了。這場大災難中，清廷的國防和軍事力量是損失最慘的。而沒有了有效的國防，人民就只能任敵宰割了，百年間數以億計的華人，將被迫用自己的鮮血和骨肉為這場百年大國難獻祭。

經過統計，中英雙方在鴉片戰爭中能夠查到的歷次重要戰鬥傷亡是這樣的：

1. 第一次定海之戰（1840 年 7 月 5 日）：英軍攻克定海，戰死 19 人，清軍民死亡 2000 人左右。定海總兵張朝發傷重而死，定海知縣姚懷祥投水自盡。

2. 澳門之戰（1840 年 8 月）：英軍僅傷 4 人將清軍擊潰，清軍傷亡未表。

3. 大角炮臺之戰（1841 年 1 月）：英軍攻佔炮臺，傷 38 人，守將陳連升戰死，清軍亡 282 人，傷 462 人。

4. 三門海灣之戰（時間同上）：繼大角之戰後英軍進逼穿鼻以東三門海灣，攻擊清軍水師，清軍戰船 1 艘沉沒，14 艘逃跑。英軍無傷亡。

5. 虎門之戰：英軍 5 人輕傷，清軍廣東水師提督關天培戰死，傷亡數百人，被俘千餘。

6. 廣州之戰（1841 年 5 月末）：英軍艦船 70 餘艘，士兵 2000 餘人進攻廣州，雙方於月底停戰，英軍死亡 9 人，傷 68 人，清軍戰敗，傷亡未表，廣州制高點越秀山四方炮臺被英軍奪取。

7. 三元里民眾抗英（1841 年 5 月 30 日）：廣州鄉民 7000 餘人趁大雨圍困並攻擊英軍 700 餘人，中方參加抗英民眾約數千至數萬人，英軍死亡 5 ～ 7 人，受傷為 23 人至 42 人。

8. 廈門之戰（1841 年 8 月 21 日）：英軍 36 艘艦船 2500 名士兵攻擊廈門，清軍以萬餘人、270 餘門大炮抗擊進攻，主帥總兵江繼芸戰敗自殺，另戰死副將以下官兵 331 人。戰船 26 艘被毀，炮臺及大炮全部損失。英軍死 1 名，傷 16 名。

9. 第二次定海之戰（1841 年 10 月 1 日）：英軍戰死 2 人受傷 1 人，清軍定海鎮總兵葛雲飛戰死，壽春鎮總兵王錫朋戰死，處州總兵鄭國鴻戰死，士兵傷亡人數未表。

10. 鎮海之戰（1841 年 10 月 10 日）：英軍 1500 人在艦隊掩護下進攻清軍 4000 餘人，清軍在頑強據守後戰敗，兩江總督欽差大臣裕謙戰敗投水自殺，總兵謝朝恩戰死，數百士兵戰死。英軍戰死 3 人，傷 16 人。

11. 寧波之戰（1842 年 3 月）：清朝親王奕經率 5000 人反擊進佔寧波英軍 150 人，英軍以榴彈炮和排槍抵抗，清軍死傷 500 人後失敗。英軍傷 1 人。

12. 乍浦之戰（1842 年 5 月）：清軍頑強抵抗後失敗，英軍戰死 9 人，傷 55 人。清軍副都統長喜及以下官兵戰死 699 人，佐領

隆福自殺，官員、士兵及妻兒城陷後多自殺。

13. 吳淞之戰（1841 年 6 月）：英軍戰死 3 人，清軍江南水陸提督陳化成以下 88 人戰死。

14. 鎮江之戰（1842 年 7 月）：清軍頑強抵抗後失敗，英軍戰死 39 人，130 人受傷，3 人失蹤。清軍傷亡慘重，官員、士兵及妻兒城陷後紛紛自殺，守將京口副都統海齡全家自殺，清軍戰死 239 人，傷 264 人，失蹤 68 人。

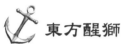 東方醒獅

1817 年 6 月，第二次訪華失敗的英國阿美士德大使登上了聖赫勒拿島，拜會被英國人囚禁在此的法國大英雄拿破崙。當聽說中英雙方因叩頭之事而鬧崩後，用刺刀逼著教皇給自己加冕的拿破崙，站在國王的角度發表了自己獨特的看法。他批評英國人，認為他們要麼不去，去就遵從人家的風俗。還舉例說：「在義大利，即使吻教皇的騾子，也不會被人視作卑躬屈節的。」

為了更大程度地噁心把自己關在這屁點大的小島上獨自鬱悶的英國人，拿破崙甚至做著動作說：「如果英國的習俗不是吻國王的手，而是吻他的屁股，是否也要中國皇帝脫褲子呢？」

說完，拿破崙自己就先樂得哈哈大笑。拿破崙對阿美士德說：「你們說可以用艦隊來嚇唬中國人，接著強迫中國官員遵守歐洲的禮節？真是瘋了！如果你們想刺激一個具有兩億人口的民族拿起武器，你們真是考慮不周。」

接著拿破崙真正顯示了一位元世界級的大戰略家才具備的遠見卓

識，他對阿美士德說：「要同這個幅員廣大、物產豐富的帝國作戰將是世上最大的蠢事。可能你們開始會成功，你們會奪取他們的船隻，破壞他們的商業，但你們也會讓他們明白自己的力量。他們會思考，然後說：建造船隻，用火炮把它們裝備起來，使我們同他們一樣強大。他們會把炮手從法國、美國，甚至從倫敦請來，建造一支艦隊，然後把你們戰敗。」

不以為然的阿美士德向拿破崙表示：大清是個泥足巨人，不堪一擊。

拿破崙馬上回答了一句以後 200 年間在世界範圍內廣為人知的驚世名言：「中國是東方沉睡的雄獅，當他醒來時世界將為之震撼。」

鴉片戰爭 109 年後，1949 年 4 月 20 日，中國人民解放軍列陣江北，渡江戰役即將開始，其他西方國家紛紛將自己的軍艦撤出長江靜觀時局，只有英國軍艦還沉浸在昔日橫行霸道的舊夢裡，依舊在長江耀武揚威。英國驅逐艦紫石英於當日 8 時 30 分悍然駛入解放軍渡江戰地挑釁，解放軍第八兵團特種炮兵縱隊炮兵三團當即鳴炮警告，紫石英反而立即將炮口全部對準解放軍江岸陣地。是可忍，孰不可忍？解放軍炮兵部隊當即開火猛轟紫石英艦，30 多發炮彈連續在紫石英艦上炸響，該艦艦長斯金勒少校，副艦長威士頓上尉均被擊成重傷，操舵兵當場被炸死，全艦 17 人死亡，20 人重傷，剛剛還不可一世的紫石英艦忙不迭地掛出一件白襯衣要求停火，並於鼠竄中擱淺。因為解放軍炮火猛烈，擱淺後紫石英艦一連掛出三面白旗，這是中英作戰史上英國軍隊第一次對中國軍隊打出白旗！

當日 13 時 30 分，英國伴侶號驅逐艦從南京出發救援紫石英艦，連續與解放軍炮兵部隊炮戰。在解放軍炮兵猛轟下，艦長羅伯森重

傷，2座前主炮被擊毀，10名水兵陣亡，12人受傷。嚇破膽的伴侶號開足馬力以29節的速度逃往上海，創下了自古以來長江上船舶航行的最高速度！

　　當日18時，解放軍第三野戰軍七兵團、九兵團組成渡江集團，率先發起渡江戰役。當日晚，由香港馳來的英國皇家海軍倫敦號重巡洋艦與駐上海的黑天鵝護衛艦匯合，繼續前往解放軍渡江航道挑釁，並錨泊於七汙港江面，解放軍第二十三軍航道正面。二十三軍軍長陶勇立即警告其馬上離開，雙方再次發生大規模炮戰。解放軍萬炮齊發，英艦竄到哪裡，哪裡就有解放軍炮兵部隊在猛轟！一發發憤怒的炮彈在8000噸的英國巡洋艦的重甲上炸開。江南岸正等著與解放軍血戰的國民黨炮兵看得血脈賁張，大感痛快，亦紛紛操炮參戰轟擊英艦。在大江南北中國軍隊炮火夾擊下，倫敦號艦長卡榘勒上校重傷，連在司令塔裡坐鎮指揮的英國海軍遠東艦隊副司令亞歷山大·梅登中將的白色制服也被彈片劃破，倫敦號和黑天鵝號均被擊傷，一路狂奔僥倖逃回上海。這一仗倫敦號15人陣亡，13人受傷，黑天鵝號7人受傷。

　　1949年5月27日上午9點，吳淞口外觀望的美英軍艦全部拔錨退出長江口，從此，外國軍艦從中國內河上消失了。

　　拿破崙預言的百年睡獅終於睜開了雙眼。

　　1997年香港回歸，1999年澳門回歸。又是12年過去，英國因伊拉克和阿富汗戰爭，終於在一場至今都看不到頭的長期消耗戰中耗盡了精血，2009年世界金融危機爆發後，英國的財政狀況吃緊，連英國皇室本來就很拮据的經費，都被迫收歸英國政府控制使用，由於軍費拮据，曾經雄霸世界海洋300年的皇家海軍的現役裝備和計畫裝備也只得一裁再裁，只能裝備兩艘輕型航母和26艘各型驅護艦，而且還得

繼續裁減下去才能維持。窮兵黷武，國窮財盡，殺遍世界 300 年的日不落帝國的殘陽餘暉，終於落下了西山。

今天，在政治、宗教，經濟、軍事、文化、科技、教育等涉及國家發展的所有方面，五千年一貫堅持和平發展的古老中國，已經澈底戰勝了五百年封閉保守導致外敵入侵所造成的近代連綿百年亡國滅種的危機，正以嶄新的面貌煥發著無比的青春活力。

古老東方的明媚天空上，一輪旭日朝陽即將光芒四射！

第 五 章

奮發圖強保疆土

第一次鴉片戰爭的慘敗，只能說是把當時的中國人打痛了，卻遠遠
沒有打醒。一個五千年的古國，二千多年的封建帝制，那種強大的
文明運行慣性並非一兩場戰爭就可以撼動。當時的絕大多數中國人
除了知道朝廷吃了洋人的敗仗之外，也根本不清楚中國的沿海和外
部世界到底發生了什麼事。甚至魏源這樣中國最先進的思想前衛，
由於資訊資料的匱乏，在對外國人的認識上也存在許多誤會，比如
他在《海國圖志》裡就認為，鴉片是洋人用人的眼珠子熬出來的。
說到底，當時的天朝還是實在不屑於做蠻夷的學生。

⚓ 劫火圓明園

　　被大英帝國打得灰頭土臉，天朝君臣得出的最大結論竟然是：西學中源。一句話，別看西夷厲害，他們那些玩意兒都是中國古已有之的，都是咱老祖宗玩剩的。比如英軍的飛炮（爆炸彈），兩江總督裕謙便認為中國本有此法，不過將鐵彈挖空，實以火藥，「不足為奇」。正是因為如此強烈的軍事自信，裕謙成為當時態度最堅決的主戰派，最後目睹清軍被真正的近代爆炸彈轟得落花流水，實在無法向道光皇帝交待，只能投水一死以報皇恩。大理寺少卿金應麟認為，西方的堅船利炮不過是「中國之緒餘」，「夷人特稍變其法」。

　　連梁廷枏那樣的開明士人也認為西方的火炮舟船包括算學都是學中國的。他大概想起了祖沖之，而且他並不主張「失禮而求諸野」。老先生振興中華的辦法是復古，對付洋人很簡單，只要像老祖宗那樣有出息就行了。按這兩位開明人士的看法，中國根本就沒什麼需要向洋人學的，只要把 500 年前鄭和的造船方法弄懂就足夠對付洋人了，因為西方的火炮、洋人造船的方法全是從鄭和那裡學去的！問題是，不要說這種澈底復古的方法是否可行，就連鄭和航海，包括他造船的所有資料也早就被毀掉了啊！

　　至於西方的資本主義民主制度，在天朝人民眼裡，更不像話了，感覺不是文明人玩的。姚瑩老先生則對英國王位繼承制嗤之以鼻：「至其立國，自稱一千八百餘年，本屬無稽，然國王死無子則傳位於女，其女有子，俟女死後傳之，實已數易其姓，而國人猶以為王之後，足見夷俗之陋。」這位姚瑩先生的思想倒稍微容易理解一點，中國從古到今都講究長子嫡傳，血統正宗，不要說皇位傳給女兒，就算廢長立

幼，往往就是一場由宮廷惡鬥蔓延到天下動亂的皇位血戰。就連雄睨天下的天朝大皇帝，在處理由哪位貝勒爺繼位這件事上，那也是戰戰兢兢的。想想清代皇帝只敢把傳位詔書藏在《正大光明》匾額之後、等自己駕崩了才敢公佈的傳說，就知道中國人把傳位看得多麼重！而英國鬼子就這樣把皇位傳給女孩，再下一代不就是外人的天下了嗎？就這樣還不打仗！連為正統而戰都不知道！不知禮法！

所以在當時，就連思想最先進的魏源等人，還以對中華傳統文化的極度自信和自大看世界，認為剛經歷的慘敗只是數萬裡外的蠻夷小國，憑藉奇巧淫器、船堅炮利來挾制天朝大國，而天朝只要師夷長技以制夷，便可無事。絕大多數人更認為，鴉片戰爭只不過是處置不當引起的偶然事件而已，朝廷又出了秦檜那樣的賣國賊，弄得岳飛岳爺爺那樣的林則徐被貶才輸給了番邦大元帥。所以，當外國侵略者暫時停止進一步行動，正在匆忙消化侵略果實時，清人又昏睡過去，水師的整頓和裝備更新也隨之而停止。

1851 年 1 月 11 日，和耶穌爭當上帝之子的洪秀全發動了金田起義，以未經梵帝岡教皇允許就私自建立的中國「拜上帝教」為核心，從廣西而出，入湖南，破武昌，挾數十萬眾，萬餘船隻，以雷霆萬鈞之勢順江而下定鼎南京。清政府到這個時候終於意識到，滿蒙八旗和漢軍綠營已經澈底朽爛，再也不堪驅馳，為了保住政權，只得允許曾國藩等漢族官員組建團練地主武裝對付太平軍。曾國藩為了奪回長江江面的控制權，創建湘軍水師。這支水師出了些像彭玉麟這樣驍悍的戰將，與太平軍血戰湖口，爭奪安慶，在長江中下游打了許多驚心動魄的大仗。毫無疑問，湘軍水師是當時清朝最強大的水上作戰力量，但它的裝備、作戰方式和舊水師沒有任何區別，內戰內行而已。

　　1855 年曾國藩親撰了一首《水師得勝歌》，教戰這支滿清頭號水
上王牌艦隊。當時被列為中國最高軍事機密的水師制勝戰術如下：
　　三軍聽我苦口說，教你水戰真秘訣；
　　第一船上要潔淨，全仗神靈保性命；
　　早晚燒香掃灰塵，敬奉江神與炮神；
　　第二灣船要稀鬆，時時防火又防風；
　　打仗也要去得稀，切莫擁擠吃大虧；
　　第三軍器要齊整，船板莫沾半點泥；
　　牛皮圈子掛槳柱，打濕水絮封藥箱；
　　第四軍中要肅靜，大喊大叫須嚴禁；
　　半夜驚營莫急躁，探聽賊情莫亂報；
　　第五打仗不要慌，老手心中有主張；
　　若是好漢打得進，越近賊船越有勁；
　　第六水師要演操，兼習長矛並短刀；
　　蕩槳要快舵要穩，打炮總要習個準；
　　第七不可搶賊贓，怕他來殺回馬槍；
　　又怕暗中藏火藥，未曾得財先受傷。
　　…………

　　我們今天看到這份當時中國的最高絕密軍事檔，除了感歎一聲之
外，還能再多說什麼呢？所以，沒有任何懸念，1856 年 10 月，在英帝
國主義者蓄意挑起的「亞羅號事件」引發的第二次鴉片戰爭中，清軍
毫無懸念地再次大敗於英法聯軍之手。戰況之慘，大清國可稱完全被
打出了外強中乾的原形，澈底暴露了封建帝國所有的腐朽和落後。

　　如果說英國為要求通商而發動第一次鴉片戰爭，還有那麼一分道

理，清廷官員處置不當也有一定的責任，那麼挑起第二次鴉片戰爭的英國則是澈底的強盜，沒有任何一絲一毫站得住腳的理由！英國以清廷軍方搜查船主為華人的海盜船為藉口發動戰爭。馬克思當時就說，在全部事件程序中，錯誤在英國人方面。而且認為處理「亞羅號事件」的兩廣總督葉名琛「心平氣和，冷靜沉著，彬彬有禮」。

在這次戰爭中，三元里抗英的神話破滅了。廣州幾被戰火焚成一片廢墟，後被英法聯軍佔領 3 年之久，連天朝的兩廣總督葉名琛也被裝在木籠裡押往英艦剛毅號，又被押往印度加爾各答，次年絕食死於印度囚所。

在北京近郊的通州八里橋，滿清親王僧格林沁率清廷最精銳的 3 萬步騎，向 6000 英法聯軍發起了整整持續一個小時的決死衝鋒，其英勇和無畏連英法侵略軍也感歎不已。法國軍官吉拉爾描述道：「光榮屬於這些好鬥之士，確實應該屬於他們！沒有害怕，也不出怨言，他們甘願為了大家的安全而慷慨地灑下了自己的鮮血。這種犧牲精神在所有的民族那裡都被看做為偉大的，尊貴的和傑出的。」

但是一個小時後，揮舞馬刀衝鋒的 1 萬蒙古鐵騎全軍覆沒，3 萬清軍傷亡過半，用燧發槍和滑膛炮布成嚴密陣勢的英法聯軍卻僅有 12 人陣亡。指揮這次戰鬥的法軍將領孟斗班回國後，被法國皇帝拿破崙三世封為「八里橋伯爵」，不過這位在異國侵略逞威的「八里橋伯爵」，很快就嘗到了祖國被侵略的痛苦。1870 年，74 歲的法國內閣總理兼陸軍大臣孟斗班親歷了普法戰爭中的色當潰敗，拿破崙三世投降和法蘭西第二帝國垮臺，「八里橋伯爵」自己也被迫流亡比利時。

拱衛京畿的清軍主力覆沒於八里橋，英法聯軍一路燒殺，甚至兩個強盜自己都不好意思，互相指責對方的野蠻搶劫。事實上雙方都一

樣犯下了罪行，英國人更傾向於破壞，而法國人則喜歡把新搶來的財產「保護」起來——一個是毀壞，一個是玩賞。

為了「懲戒」滿清政府，英法聯軍決定火燒人類建築史上最偉大的瑰寶之一，萬園之園「圓明園」！英軍統帥額爾金在放火前，專門在北京張貼中文告示，公佈放火時間並解釋放火原因：「任何人，無論貴賤，皆需為其愚蠢的欺詐行為受到懲戒，18 日將火燒圓明園，以此作為皇帝食言之懲戒，作為違反休戰協定之報復。與此無關人員皆不受此行動影響，惟清政府為其負責。」

這座東方最偉大的園林早就享譽歐洲，所以法國的良心、大作家雨果評論說：「即使把我國所有聖母院的全部寶物加在一起，也不能同這個規模宏大而富麗堂皇的東方博物館媲美。」而這樣一座總面積等於 8.5 座紫禁城，水域面積等於一個頤和園，建築面積竟比故宮還多 1 萬平方公尺的偉大園林竟給英法聯軍燒掉了！

 ## 左宗棠的強國夢

英法聯軍攻進北京時，咸豐皇帝已逃往熱河，留下恭親王奕訢和洋人打交道，這個時候，過了一輩子窮日子的道光皇帝已經去世了，他的兒子咸豐不太有名，但他媳婦兒可就太有名了，這就是大名鼎鼎的慈禧太后。

當時清廷在總理衙門有奕訢和文祥等開明派，在地方則有曾國藩、左宗棠、李鴻章等一幫漢人重臣積極推動洋務運動。洋務運動的內容很龐雜，涉及軍事、政治、經濟、外交等，而以「自強」為名，興辦軍事工業並圍繞軍事工業開辦其他企業，建立新式武器裝備的陸

海軍,是其主要內容。洋務運動堪稱中國近代史上最早的改革開放。由於曾國藩、左宗棠、李鴻章在這次洋務運動中居功厥偉,因此也被稱為「晚清中興三大名臣」。

曾國藩這些漢族官員能在實際上主持晚清相當大的行政軍事權力,實在是滿清貴族走投無路之舉,也是因為這幫漢族重臣在鎮壓太平天國運動和捻軍起義、回民起義中功勞實在太大,可謂於清廷有再造之恩。且更重要的是,這些人在清政府中第一次據有了地方兵權。實際上,滿清貴族骨子裡對這幫漢族重臣一直是十分警惕的,一直到這些人自解兵權,並採取了種種自保手段才得到滿清貴族的信任。

滿人入關後,對漢人一直採取歧視政策,兵權不授漢人。直到太平軍起事後,滿人將領顢頇無能,八旗和綠營靡爛已極,在銳氣極盛的太平軍面前不堪一擊。為了保住政權,滿人中有識之士如軍機大臣文慶、肅順等主張重用漢人,這實在是不得已的事。這樣,曾國藩、胡林翼、左宗棠,在鎮壓太平天國和捻軍的過程中靠組建地方團練湘軍擁有了自己的武裝力量。從某種程度上說,鴉片戰爭後的晚清史,前半截是湘軍寫的,中半截是出自湘軍系統的李鴻章淮軍寫的,後半截則由出身淮軍系統的袁世凱北洋新軍所寫。

曾國藩率先籌設了中國第一家近代軍事工廠——安慶軍械所,但這個軍械所卻搞出了中國第一台蒸汽機,中國第一艘蒸汽輪船「黃鵠號」。曾國藩還與學生李鴻章共同創辦了江南機器製造局,辦起了中國第一家大型使用機器生產的近代工廠。毫不誇張地說,江南製造局就是中國近代工業的黃埔軍校,「它製造出中國的第一艘兵輪和第一台機床,它煉製出中國第一磅近代火藥和第一爐鋼水,它造出了中國第一支步槍,第一顆水雷,第一門後膛炮,在 30 年間都一直是東亞最大的

兵工廠。它造就出中國一大批近代技術工人和一部分工程技術人員」。它是中國近代工礦企業的母廠，奠定了中國近代工業的基礎。

直到今天，它的後身江南造船廠仍是中華人民共和國現代化工業的心肝寶貝。正在衝擊世界的中國大陸造船工業，基礎力量就幾乎全是從這個廠起步的。新江南廠造出了中國大陸第一艘潛艇，第一艘護衛艦，第一艘萬噸水壓機，第一艘萬噸輪，第一艘海上測量船……。

曾國藩對中國海軍的近代化也作出了巨大貢獻，從輪船的製造，到海軍的建制，從水兵的招募與訓練，到海軍經費的籌集和水師章程的制定等，都作了許多開創性的探索。以後中國海軍的發展基本上是按曾國藩制定的藍圖進行的。例如，江蘇巡撫丁日昌當時提出在吳淞、天津和南澳建立三支外海水師的設想，當即得到曾國藩的贊同和支持，曾國藩在給丁日昌的信中稱這是「舉一事而數善備，實屬體大思精」。直到今天，中國大陸當代解放軍北海、東海、南海三大艦隊的戰略佈局仍在佐證曾氏對中國海軍佈防的戰略眼光之佳。

而左宗棠實在是晚清經天緯地的第一奇才，其在鄉清貧務農時聲名即已遠播華夏。晚清第一名臣林則徐路過長沙，不見長沙富商士紳，獨與左宗棠泛舟湘江長談一夜。左宗棠上船時因心情過於激動，竟致從跳板落水，這也是中國近代史上著名美談之一。咸豐帝在太平軍起事後甚至直接在北京傳話：「左宗棠要出來為我辦事！」而野史曾傳，左宗棠曾秘見洪秀全，因洪秀全不納其尊重中華傳統文化的意見，而從太平軍不辭而別。太平軍在路過其家鄉時，甚至專門派出一支部隊搜捕左宗棠。所以有了「左助洪則洪勝」之說。

左宗棠出道後在湖南幕府裏助湖南巡撫駱秉率章，辦理湖南軍、財、民、政各事，成為各路湘軍的總後勤負責人，時人稱之為「國家

不可一日無湖南,湖南不可一日無左宗棠」。此後又出幕親任楚軍統帥,參與了湘軍鎮壓太平天國、捻軍和回民起義等軍事行動。左宗棠更是近代中國最著名的民族英雄之一。68歲那一年抬棺西出嘉裕關,收復了淪陷十餘年的新疆,為中國在那樣的衰危亂世保住了163萬平方公里的沃土。中法戰爭時,左宗棠堅決主戰,他派出的「恪靖定邊軍」與老將馮子才密切配合,取得了抗法戰爭中的鎮南關——諒山大捷,時已74歲高齡的左宗棠則親鎮福建準備抗擊法軍登陸。

　　而左宗棠對洋務運動最大的貢獻就是建立了福州船政局。左宗棠認為要達到禦侮自強,就必須加強軍事力量。鑒於當時外患大都來自海上的狀況,決定首先建立海軍;而建立海軍首先要製造新式的輪船。時任閩浙總督左宗棠親自籌辦的福州船政局是近代中國第一個最重要的軍艦製造基地,地位相當於今天專業的各國海軍船廠,連李鴻章也讚其為開山之祖,後更發展成為當時遠東最大的造船廠。

　　福州船政局製造的軍艦為近代海軍的創立作出了貢獻。從萬年青號兵輪開始,1867年到1907年共計造大小兵船40艘,船隻製造的類型不拘泥舊式,時時更新,初為木殼,後改為鐵脅木殼、鐵脅鐵殼和鋼脅鋼殼,船式則由常式進而為快船,又進而為穿甲船,再進而為鋼甲船。這些輪船對於鞏固海防、捍衛海疆起了一定作用。福局所造船隻同時裝備了當時中國4支海軍力量。所以當時英國人看到福州船政局後驚歎道:「中國有可能成為一個海軍國,使我們英國覺得驚慌或憂慮,如果中國軍隊獲得適宜的武裝與正確的領導,他們將成為我們可怕的敵手。」

　　而法國海軍在中法海戰中最重要的戰略任務之一就是炮轟船政局,可見西方侵略者對這個中國軍事工業基地的畏懼與痛恨。而且福

州船政局並不僅僅只是一個造船廠，實際上也是中國第一所海軍初級指揮軍官學校，同時是中國第一所海軍專業技術學校，還是中國第一所船舶設計研究院！

要掌握造船技術，就必須首先培養本國的技術人才。因此，左宗棠把辦學堂、培養人才看成是能否自造的關鍵。在辦福局的同時，就把船政學堂規劃在內，取名「求是堂藝局」，分前後兩堂，前堂學法文，以培養造船人才為主，後堂學英文，以培養駕駛人才為主，「招十餘歲聰俊子弟入學堂學習」，並聘請英、法兩國人員做外教。

左宗棠要求船政學堂學生至少要受雙語教育，同時要求他們具備世界眼光，要掌握基礎知識而不是學點皮毛。左宗棠和以後的沈葆禎等幾任船政大臣一貫重視教育，培養了一批能自造、自駕、自管的技術人才。「求是堂藝局」培養出了數百名繪圖、設計、製造、駕駛等方面的人才。選派的留學生回國後，成了福局的主要領導力量。他們不但按照外國圖紙仿造了 2400 匹馬力的巡海快艦，而且自行設計了鋼甲船。福局在前 9 年所造的大小 15 艘輪船中，有 3 艘就是由中國技術人員和工人完成的。留學生中學習駕駛的分派到各地管帶船隻，成為海軍主要將領，甲午海戰中幾乎整整一代中國海軍將領，如劉步蟾、鄧世昌、林永升、林泰曾、葉祖珪、薩鎮冰、方伯謙等都出自這個學堂，連大思想家嚴復、設計建造中國人第一條自己鐵路的詹天佑也是從這裡畢業的，福局所造船只和培訓出來的海員，建立了中國第一支初具近代化規模的艦隊，開中國海軍之先河。

毫無疑問，福州船政學堂是保定軍校、黃埔軍校之前，近代中國最著名也是最優秀的軍官學校！當然也正是由於福州船政學堂的這種特殊歷史地位，也使近代中國海軍中逐漸形成了強大的閩系軍人派

別，以後「不論政局如何演變，中國海軍及海軍學校大權總是掌握在馬尾系的閩人手裡」。

左宗棠創辦福局僅半年，就被調任陝甘總督平定回民起義和收復新疆，他又把洋務運動之風帶到了中國最偏遠的西陲邊地，開設蘭州製造局、火藥局等兵工廠和甘肅織呢局等近代民用工廠。甘肅織呢局是中國第一家織呢工廠，當時英國人都對其十分注意，從機器剛運到，直到工廠落成，上海的英文報紙都全程報導。

中國的洋務三傑中，因為李鴻章本人的操守和甲午之敗，加之確實有點恐洋懼外，所以對李鴻章的評價最為複雜。若論洋務實績，當代一致公認實以李鴻章功績最大。李鴻章晚年周遊列國，與各國政要交往，各國對李鴻章的評價都還很高。當然也留下了「李鴻章雜燴」這道名菜和許多笑話，但是，要沒有他在外國出的那些洋相，別的中國人還是會出，因為他是第一次。

所以連梁啟超都說：「吾敬李鴻章之才，吾惜李鴻章之識，吾悲李鴻章之遇。」毫無疑問，相對朝廷當時的保守派而言，李鴻章的確是「積極要求進步的思想先進分子」，雖然他有許多時代的侷限，特別是對外交往上的確患有相當程度的軟骨病。

在經濟現代化方面，李鴻章宣導洋務運動，中國出現了第一個大型兵工廠、第一座煉鋼爐、第一條鐵路、第一個煤礦、第一個紡織廠、第一座機器製造廠、第一所近代化軍校、第一支近代化海軍艦隊、第一艘輪船、第一個到西方的留學生等等，洋務派創造了中國近代許許多多的第一，無疑為中國的近代化邁出了第一步。

李鴻章為大清國國計民生近代化所奠基的所有事業，令他身後的國人一直在受益。他是對中國近代化產生了至關重要影響的洋務運動

的中堅。創辦江南製造局、天津機器局、北洋艦隊、輪船招商局、電報局、開平礦務局、派遣中國第一批學生留美等等。這些實業對中國的現代化進程起到了舉足輕重的作用。

李鴻章在經濟上的改革使中國有了最基本的工商業基礎，有些企業直到現在還是中國大陸的工業基石。1909 年，輪船招商局更名為招商局股份有限公司。1978 年招商局開發蛇口工業區，並於 1986 年收購香港友聯銀行，成為中國首家擁有銀行的非金融企業。1987 年又創辦中國首家股份制商業銀行——招商銀行，1988 年創辦中國首家股份制保險公司——平安保險公司。同時，招商局也是中國首家在境外發行債券的非金融公司、首家在香港上市的中資企業。

李鴻章簽了那麼多喪權辱國的條約，在那個時代留下太多民族的痛苦回憶。但是他為中國現代化事業所做的巨大貢獻，也是永垂中華民族史冊的，所以毛澤東說：中國的重工業，不能忘記李鴻章。

30 年洋務運動最直接的結果，就是使已經瀕於崩潰的清政府又多撐了半個世紀才垮臺，這 30 年就是近代中國衝擊現代化的第一次努力，史稱「同治中興」。而對於中國當時千瘡百孔的國防來說，洋務運動的過程也就是中國軍事近代化的過程。正是在洋務運動中，清軍澈底淘汰了弓箭、刀槍等冷兵器，普遍裝備了後膛來福槍、後膛鋼炮等先進武器，甚至裝備了當時最先進的馬克沁重機槍。海軍更是直接從舢板時代躍進到了鐵甲艦時代，海岸炮兵的主力裝備也從自造的前膛土鐵炮換代到了德國克虜伯大口徑鋼炮和各種自造後膛鋼炮時代。以軍事工業的開展為契機，洋務運動開設了一些軍事學校，培養了一批近代軍事人才。通過使用西方新的洋槍洋炮，西方近代化的軍制與訓練方法初步開始進入中國。

　　30 年的時間，滿清陸軍從第一次鴉片戰爭時澈底腐爛無法驅馳、連一支戰略機動部隊也沒有的情況下，先後發展了曾國藩湘軍各營、左宗棠楚軍各營、李鴻章淮軍各營等機動部隊。到 1876 年左宗棠入疆時，已能調動劉錦棠老湘軍 25 營、張曜所部 14 營、蜀軍 5 營、回軍「旌善五旗」、回民「董字三營」，和原新疆駐軍馬步炮軍 150 餘營的兵力近 8 萬的野戰機動主力，西出陽關，縱橫萬里，收復南北兩疆，還能保證野戰主力萬里征戰的補給。雖然供應條件很差，像馮玉祥回憶他父親跟著左宗棠進疆時，就是背著一袋紅薯過了莫賀延磧大沙漠，結果吃得馮父從此終生見到紅薯就要嘔吐，但清廷陸軍這時的確已經擁有了強大的陸軍野戰機動作戰部隊。

　　而清廷的海軍這一時期進步甚至比陸軍更大，從鴉片戰爭時的舢板海軍到曾國藩鎮壓太平天國時的內河水師，之後十餘年間清政府先後建立了北洋水師、南洋水師、福建水師、廣東水師四支艦隊分守沿海，還有湖北水師、廣西水師等內河艦隊巡防各江，兵器裝備也從以木船為主躍進到了以殼船為主，動力從風帆升級為蒸汽鍋爐，武器則從弓箭、手拋火罐換代為各種艦載火炮！

大將抬棺出陽關

　　作為一個全球性的大帝國，英國當時並不僅僅限於在中國的東南沿海搞侵略，在中國的西陲中亞一帶，英國同樣虎視眈眈。西方最著名的戰略地理學家麥金德認為中亞地帶是世界的心臟，而亞洲、歐洲、非洲構成了「世界島」，誰要能控制世界的心臟，誰就能控制世界島，誰就能統治全世界。這就是今天北約征戰阿富汗、當年英國在中

亞到處搞軍事基地的秘密。而當時正在急劇擴張的沙俄同樣盯上了中亞，於是兩個帝國同時將黑手伸向了新疆。

　　1865 年（清同治四年），中亞浩罕汗國（在今烏茲別克境）軍事頭目阿古柏在英國的支持下，率兵侵入南疆，建立「哲德沙爾」偽政權，進而佔領天山南北廣大地區，實行殖民統治。清政府忙於鎮壓內地人民起義，無暇西顧。1871 年，俄國又乘機出兵佔領時為新疆軍政中心的伊犁地區，加緊與英國爭奪清廷西北邊陲。兩次鴉片戰爭，固然打掉了中國人盲目無知的自高自大，卻也打掉了許多官員的民族自信心，因為這些官員瞭解真正慘敗的內幕後，由極度的自大轉為極度的恐外媚外！

　　就是因為膽怯懼洋，使李鴻章失去了一個統帥應有的戰略眼光。任何謀略都是以勇毅為基礎的，骨頭一軟，啥都完蛋了，所以李鴻章雖然是個最優秀的經濟管理者，但卻是個最蹩腳的戰略家和軍事家，是個常敗將軍。勇氣是一切軍事行動的基礎，李鴻章毫無勇略，見洋人就怕，渾身骨頭就軟，更不用說和洋人鬥，所以一生一敗馬江，二失新疆之略，三敗甲午，親手斷送了自己締造的北洋海軍。

　　左宗棠入疆前，反對最烈的就是當時任文華大學士兼直隸總督、北洋大臣的李鴻章。李鴻章竟認定新疆只是一塊徒耗兵餉的曠地，而且認為中國人收回來了新疆也肯定守不住，所以李鴻章的建議就是乾脆放棄新疆：「此議果定，則已經出塞及尚未出塞各軍，可撤則撤，可停則停，其停撤之餉即勻作海防之餉。」他提出了一個極其荒謬的理由：新疆是中國的四肢，喪失了無氣無傷；海疆是心腹，傷了人才會死去。那中國放棄西陲後，新疆會怎麼樣呢？他說新疆將由俄英兩國瓜分。這一點李鴻章倒非常有戰略眼光了。倒也沒笨到要死的程度！

　　而左宗棠則堅決主戰要求恢復新疆，這就是晚清中國國防史上有名的海防與塞防之爭。有恩師林則徐當年提供的寶貴一手資料，左宗棠對新疆的實際情況有相當瞭解，所以堅決要求收復新疆。「天山南北兩路糧產豐富，瓜果累累，牛羊遍野，牧馬成群。煤、鐵、金、銀、玉石藏量極為豐富。所謂千里荒漠，實為聚寶之盆。」他還說，「我朝定鼎燕都，蒙部環衛北方，百數十年無烽燧之警……是故重新疆者所以保蒙古，保蒙古者所以衛京師……若新疆不固，則蒙部不安，匪特陝、甘、山西各邊時虞侵軼，防不勝防，即直北關山，亦將無晏眠之日。而況今之與昔，事勢攸殊。俄人拓境日廣，由西向東萬餘里，與我北境相連，僅中段有蒙部為之遮閡。徙薪宜遠，曲突宜先，尤不可不豫為綢繆者也。」

　　左宗棠是在廷爭中艱難戰勝了李鴻章放棄新疆的觀點後才得以出兵西征的，而事實證明，新疆不但被清廷奪回來了，而且中國也一直守到了現在。新疆現在對於中國的國防地位之重要，任誰都知道了。當時，急切擴張的沙俄西伯利亞軍區參謀長伊・費・巴布可夫，痛恨地怒罵衛國禦敵的左宗棠是「惡毒的敵人」。

　　清光緒元年（西元 1875 年），清廷採納左宗棠等人當務之急是出兵收復新疆的主張，任命左宗棠為欽差大臣，督辦新疆軍務。左宗棠在多年準備的基礎上，採取緩進急戰，先退後進，致力於北而收功於南的戰略方針，督率 7 萬大軍抬棺西出陽關，西征軍在前敵總指揮劉錦棠的指揮下，僅用 3 個月即平定新疆北部，第二年再平南疆 8 城，入侵叛亂匪首阿古柏於庫爾勒絕望自殺。自此淪陷十餘年的新疆復歸中華。

　　這是一次史詩性的戰役。

　　歷史學者們對左宗棠西征軍的武器裝備情況做了如下簡要描述：
「他給他的部隊分配了歐洲制的來福槍，這種槍他曾貯備了 15000 支。
到 1876 年，新疆清軍的裝備有連發槍、發射 12 磅或 16 磅炮彈的鋼
炮、克虜伯的撞針槍和一門歐洲大炮。……為了給西征部隊配備精良
的武器裝備，左宗棠專門在蘭州開辦了機器局，大量進行槍炮彈藥的
生產，還成功仿造了德國的開花炮，大大提高了部隊的攻堅能力。他
從英國購買了先進的後膛槍，甚至為部分軍官裝備了當時還很罕見的
雙筒望遠鏡。當時的西方媒體驚呼，左宗棠主力部隊所配備的武器裝
備幾乎達到了西方強國軍隊的裝備水準。」

　　當時受到左宗棠很大信任的胡雪巖來往於上海出售軍火的外國洋
行之間，精心選擇，討價還價，購買大批軍火轉運西北，僅 1875 年在
蘭州就存有從上海運來的來福槍「萬數千支」。因此，左宗棠認為胡
「此次新疆底定，核其功績，實與前敵將領無殊」，要求破例給胡雪巖
賞穿黃馬褂以示恩寵。此事也可見復疆清軍當時裝備之一斑。

　　左宗棠感覺到單純從上海採運洋槍洋炮運道太長，費用太巨，所
以先在西安後在蘭州創辦過製造局等一批近代工業企業，就地生產，
並帶動西北地方經濟發展，對收復新疆的軍火補給起過重要的作用。

　　蘭州製造局主要生產槍炮彈藥，產品主要有仿德制後膛螺絲大
炮，仿義製重炮，仿德製後膛七響槍，又改進國內原來的劈山炮和廣
東制無殼抬槍。劈山炮本來很笨重，要 13 人施放，改進後只需 5 人，
抬槍也由原來 3 人放 2 支，改為 1 人 1 支，另外還大量生產銅引、銅
帽和大小開花子彈等。

　　當時擔任戰略偵察任務、來華遊歷的俄國軍官索思諾福齊等人專
門到蘭州拜訪左宗棠，宣揚俄國武器的精良，根本看不起中國的武

從鄭和的大航海時代到東瀛崛起

器。左宗棠便派人領他們去參觀製造局，結果幾位俄國人看到製造局不但能仿製法、德等國的軍械，還有幾種中國獨創的產品，如大洋槍、小車輪炮和三腳劈山炮等等。俄人雖然認為中國自製的兵器不錯，但又懷疑製炮鋼材是進口的，左宗棠肯定地告訴他們，鋼材亦是局中自煉，於是俄人同聲嘆服，再也不誇耀西方的槍炮了，甚至由於同英國人爭奪勢力範圍的矛盾，表示俄國可以供應出售軍火，還希望左宗棠早日進軍，以便開通茶事。左宗棠表示軍中儲備的軍火已足夠用度，謝絕了俄國的幫助，但從俄人那裡購買了 400 萬斤糧食供應西征軍。

由於左宗棠的部隊大量裝備了進口或仿製的洋槍洋炮，其戰鬥力有了明顯的提高，整個西征軍已是一支具有初步近代化色彩的軍隊。所以英國人包羅傑認為，這支中國軍隊「完全不同於所有以前在中亞的中國軍隊，它基本上近似一個歐洲強國的軍隊」。

這些近代化的武器裝備在西征中發揮了巨大威力。諸多歷史記載都證明，雖然左宗棠西征軍也使用了刀矛，「但得力於槍炮者居多。」清軍收復新疆之戰的勝利，具有深遠的歷史意義。它是 1840 年以來中華民族對敵作戰中取得的少有的一次澈底的勝利。它不僅喚起了民族自信心，振奮了民族精神，而且粉碎了英國殖民者借阿古柏政權在新疆擴展其勢力的陰謀，並使沙俄認為清軍收復新疆「那一天永遠不會到來」，從而達到永久霸佔伊犁地區的陰謀遭到澈底破滅。清軍在對敵作戰中所表現出的非凡作戰能力，使帝國主義列強在對待中國問題上，不能不有所顧忌。

今天我們對左宗棠收復新疆的歷史意義和軍事意義有越來越深刻的瞭解，但當時這次事件對全世界的巨大震撼卻知者不多。一直密切

注視戰爭進程的英國亞洲問題專家包羅傑說：「中國人克復東土耳其斯坦，毫無疑問，是一件近五十年中在中亞發生過的最值得注意的事件。同時，這是自從一個多世紀以前，乾隆征服這個地區以來，一支由中國人領導的中國軍隊所曾取得的最光輝的成就。這又以一種更為不合我們口味的方式證明，中國具有一種適應能力，必須承認這是在中亞日常政治生活中一個很重要的事實。」

當時美國前副總統華萊士公正地評價：「左宗棠是近百年史上世界偉大人物之一，他將中國人的勇武精神展現給俄羅斯，給整個世界。」南疆阿古柏叛亂勢力的背後是英國，而西征軍武力收復南疆，又以武力為後盾使沙俄吐出了已經到口的伊犁地區。從左宗棠收復新疆一役即可看出，此時中國軍隊比十多年前在北京城郊八里橋舉著馬刀策騎衝鋒的情況已經有了革命性的進步。不久的中法戰爭再次見證了這一點。中國軍隊在與當時的世界軍事超強之一的法軍直接作戰中互有攻守，打了個平手。

 ## 保衛臺灣海峽

當時大清陸軍有了長足的進步，而海軍的進步更大。在第二次鴉片戰爭中，海軍雖然再次慘敗，但比第一次鴉片戰爭時完全任人宰割的局面已是天壤之別，而且鬥志極其高昂，戰爭中清廷海軍的戰術表現比八里橋的陸軍好得多。

第二次鴉片戰爭中，英國海軍上將西馬米格率英國艦隊闖入廣東虎門，10 月 22 日攻入廣州，大肆燒殺搶掠，廣東水師和中國百姓則以游擊戰術不斷反擊，連西馬米格的旗艦柯洛曼德爾號也遭到猛烈攻擊。

　　據史料記載：1857年1月4日，廣東水師首次向英國軍艦發起大規模的主動進攻。下午1時，首先攻擊英軍盤踞的炮臺。與炮臺對轟時，約有70艘大沙船和30艘各配備40條到60條槳並在首尾安設重炮的中國兵船，直接列陣珠江江面，猛烈而準確地射擊西馬米格親自率領的英軍增援艦艇。直到漲潮的時候，中國沙船才開始向珠江支流撤退。英艦噸位太大，無法追擊，只能看著中國船隻退走。在另一處，自下午1點半起，約180艘或200艘沙船，配有同樣的划艇，向英艦進攻；還有22隻沙船，連同划艇，也從一條小河上開來。當它們距離英國船艦約1500碼時，展開了靈活的炮擊，英軍也立即反擊，一場激烈的戰鬥開始，一直繼續到2時3刻，中國船艇才揚帆撤回到小河上去。

　　在以上兩處戰鬥正進行時，中國海軍第三支由20艘沙船組成的分遣隊，從另一條小河開來，但為英軍所阻，進攻沒有成功。外國人在寧波辦的《中外新報》報導說：「據英人云，中國人打仗，向無如此大膽，其戰法亦較前為勝。」

　　清廷海軍鬥志之旺為兩次鴉片戰爭以來僅見，戰鬥精神的確無話可說。這次戰鬥之後，火箭和火藥瓶仍在從珠江兩岸和中國船隻裡發射出來，被不斷擲入英國船艦。西馬米格則變本加厲地攻擊中國平民和非軍事目標報復。

　　根據西馬米格的命令，1月12日清晨，英軍放火隊出發，先焚所賃居之洋行，火勢漸延漸廣，自西濠至西炮臺，一晝夜燒毀數千家民居。西馬米格乘機派一支規模不小的軍隊進攻廣州城，走近城牆時遭到射擊，結果死了2人，重傷11人，輕傷2人，進攻被擊退。

　　由於中國軍隊不斷襲擊，商館周圍的英軍陣地朝不保夕。1月14

日，西馬米格只好放棄該陣地及在荷蘭洋行的陣地，退守鳳凰岡炮臺和大黃炮臺。次日，駐黃埔村的英軍也被迫撤離。

英國陸軍撤退後，廣州軍民再接再厲，全力攻擊英國水上艦船目標。1月16日，當一艘英船通過珠江左岸一條小河河口時，同120餘艘沙船和師船遭遇，後者即展開猛烈的射擊，很快就重傷了英船的領港，還有3名水手為彈片所傷。在佛山，一艘為廣州英軍運送補給的輪船被截獲。1月21日夜間，英軍被迫再次收縮戰線，除大黃炮臺外，放棄了珠江兩岸和島上的所有據點。

西馬米格在一份報告中哀歎，他已經「飽受數以百計的中國舢板的襲擾」和「火船以及其他設計巧妙而又兇險的兵器的攻擊」。在廣東水師的不斷攻擊下，英國艦隊終於在2月15日退出虎門之外，只保留了海軍上尉貝德率領的300名守軍據守大黃炮臺。他們被中國水師圍困，與外界隔絕，缺吃少喝，席不安枕。貝德頹喪萬分，竟然聲稱「寧可進紐基特和潘敦威爾監獄，都不願意待在這個地方」。

5月下旬，瓊州鎮總兵黃開廣募到巡船共百餘艘，準備向大黃炮臺的英軍發動總攻。為了解除中國水師的威脅，5月25日，西馬米格殺了個回馬槍，率領20多條炮艇，攻擊停泊在東江口北部遞溪的中國師船。經過3天戰鬥，有28艘中國師船被擊毀，但英軍每10人中就有1人被打中，即使在世界戰爭中，也算得上是一個很大的損失比例。可見廣東水師在此戰中連續3天與英艦死戰而沒有潰散，而且給了英國人相當沉重的打擊。

6月1日，英軍一支1900人的艦隊攻佔了平洲附近3山2座炮臺，摧毀了72艘中國師船。當一支500人的英軍分艦隊到佛山附近時，遭到炮臺上20門大炮和上百門小炮的猛烈轟擊，當時還有89艘

中國師船支援這些炮臺，戰鬥進行得非常激烈。英軍最後雖攻下炮臺，但也戰死 13 人，傷 40 人。

西馬米格的侄子，即 1900 年曾率八國聯軍進犯北京、被義和團攔阻襲擊後敗退天津的西摩爾，當時作為一名見習生參加了佛山之戰。他在回憶錄中心有餘悸地說：「領導我們的『香港』號擱淺了……許多發炮彈馬上擊中它……（分艦隊司令）凱佩爾準將的座艦被擊成粉碎沉沒……我所乘搭的敞篷汽艇同時也受一發炮彈穿透而沉沒，而且恰在同時，『高飛』號上的一個軍官被一發炮彈炸成兩截，他的屍體從我們頭上拋過去。」

遜溪、平洲、佛山三役，英軍雖達到了削弱中國水師以救援大黃炮臺守軍的目的，卻遭受了空前慘重的損失。從這些外國資料的記載分析，中國海軍的表現與第一次鴉片戰爭中的表現已是天壤之別，雖然技不如人，藝不如人，但大清海軍沒有放棄自己的職責！

一句話：中國海軍仍然在戰鬥！

歷史上，中國東北邊境的朝鮮、西南邊境的越南與中國有非常特殊的關係，其實質遠非藩屬那麼簡單。中、朝、越三國彼此也打過仗，但由於政治、經濟、文化上不可分割的血緣關係，在朝越兩國遭外敵入侵時，中國一般要負起保護之責。毫不誇張地說，中朝越三國歷史上是真正的千年友好鄰邦。

法國在 1883 年進攻越南，強迫越南訂立「順化條約」，意使越南脫離中國的藩屬，成為法國的保護國。越南宮廷當即兩次向中國求救。這是無法不救的，於是慈禧太后下詔向越南派兵，中法戰爭開始。

1883 年 12 月 11 日，法軍向駐紮越南山西的中國軍隊發動大規模進攻。在不到 5 個月的時間裡，全部佔領了紅河三角洲。法國看準了

清政府的虛弱本質，決定利用談判迫使清政府屈服。在法國威脅下，1884 年 5 月，李鴻章與法國海軍中校福祿諾在天津簽訂《中法簡明條約》，清政府承認法國對越南的保護權，駐越清軍撤回中國邊境，開放中國與越南北部毗鄰的邊界。迫不及待的法軍不顧中法雙方尚未就中方撤兵問題具體協商，就再次向諒山中國駐軍攻擊。中國近代史上非常著名的愛國武裝「黑旗軍」利用越北山區地形抗擊法軍，仗打得相當漂亮，一度遏制了法軍北進勢頭。李鴻章在中法戰爭取得局部勝利的時候，主張見好就收，理由是國家貧弱，要韜光養晦，否則後患無窮。李鴻章向來是洋人把屠刀架自己脖子上也捨不得反抗，只想談和的。現在前方打了勝仗，有了談和的本錢，那就更是要談和了。在李鴻章簽訂了中法《李福協定》後，「清流派」對其發動彈劾並且拒絕執行《李福協定》。法國方面見條約無法得到實現，隨即出兵台海脅迫清廷。

　　1884 年 6 月 26 日，孤拔海軍中將在中法正式宣戰的前夕被任命為法軍遠東聯合（特混）艦隊的司令，當時，法國是世界第二海軍強國，在 1882 年已經擁有 38 艘鐵甲艦、9 艘岸防鐵甲艦、50 艘巡洋艦、炮艦和 60 艘魚雷艇，總噸位達 50 萬噸。憑藉這樣一支強大的海軍，法國與另一個老牌殖民帝國英國一起在世界上耀武揚威。中法戰爭前夕，隨著戰爭形勢逐步升級，法國也不斷向遠東增兵，歸孤拔指揮的法軍艦隊兵力，可能至少有 20 ～ 30 艘各種艦隻的編隊。

　　8 月 4 日，法軍炮轟臺灣基隆，清軍炮臺火炮口徑太小，無法有力回擊敵艦，防禦工事連連被毀。這時清軍的戰術表現與兩次鴉片戰爭只會死守炮臺與陣地俱亡就完全不一樣了。淮軍名將劉銘傳當即下令撤出炮臺守軍，退到法軍艦炮射程之外設伏，此舉果奏奇效。8 月 6

日,清軍將深入的法軍多面合圍,擊斃擊傷法軍一百多人,而且繳獲了火炮四門,法軍登陸兵只得退回炮艦。這一仗劉銘傳避敵之長,擊敵之短,打得漂亮之至。孤拔見在臺灣占不到便宜,轉而襲擊馬尾福建水師,企圖封鎖洋面,從根本上斷絕台島的後援,並在心理上給守衛臺灣的淮軍劉銘傳、湘軍劉璈以及台島民眾以致命的打擊,誘使其早日投降。8月23日法艦對福建水師發起進攻,導致了中法馬江之戰的爆發。

而李鴻章在中法戰爭中再次大發軟骨病,一廂情願地指望與法國人和談,軍事上不但不做絲毫準備,甚至不許艦隊備戰,直接導致了馬江之戰的慘敗,所以左宗棠當時怒責「十個法國將軍也比不上一個李鴻章」。

臺灣之戰前,在孤拔率領下,法國遠東聯合艦隊的主力艦只以「遊歷」為名陸續進入馬尾軍港,欽差會辦福建海疆事宜大臣張佩綸、閩浙總督何璟、福建船政大臣何如璋、福州將軍穆圖善等,對國際法渾然不知,加之畏敵怯戰,竟任由法艦違犯國際慣例駛入馬尾軍港,同時命令各艦:「不准先行開炮,違者雖勝猶斬。」駐在馬尾港的中國海關不但不予以制止,反而給予法艦「最友好的款待」。於是,法艦在馬江出入無阻,與福建水師軍艦首尾相接,並日夜監視之,前後為時月餘。福建水師處於被法艦圍困的狀態,戰爭一觸即發。福建海軍許多官兵請戰要求自衛,不少士大夫上書要求李鴻章派北洋水師支援,以挽救大局。但李鴻章執意求和,不准抵抗,更拒絕增援。何如璋等也怕影響和談,命令各艦不准發給子彈,不准無令自行起錨。就這樣,中國海軍整整一支艦隊在自己的軍港裡,竟被來意不善的法國軍艦逐艘盯死,想備戰卻連子彈都得不到,所以李鴻章挨左宗棠的痛

罵，的確不是沒有原因的。

　　清廷特派主持福建沿海防務的會辦福建船政事務大臣張佩綸（張佩綸後娶李鴻章之女為妻，著名作家張愛玲即是其孫女）立即發電，請求其他三洋艦隊派艦支援，但只有廣東水師派了 2 艘軍艦。在搬救兵的同時，張佩綸及船政大臣何如璋、福州將軍穆圖善等多次致電清廷詢問戰守之策，但得到的多是「彼若不動，我亦不發」之類的命令，於是便不顧水師將領的請戰，下嚴令「無旨不得先行開炮，必待敵船開火，始准還擊，違者雖勝猶斬」。就這樣，海戰尚未開始，中國海軍的手腳就被束縛起來了。就憑中國海軍這個前線統帥部的極度怯戰，馬江海戰的結局幾乎就已經確定了。

　　8 月 22 日，孤拔接到法國政府命令，當晚 8 時法國各艦艦長召開作戰會議，決定於次日下午 2 時左右，法國艦隊利用落潮的有利時機發起攻擊。此時法國軍艦可以利用艦首攻擊中國軍艦的艦尾，艦尾是軍艦最為薄弱之處，極易遭到破壞，而且被限令停泊中的中國艦隊即使作出反應，也要做個半圓形的回轉，才能調轉船頭作戰，如此，法國艦隊就佔有了「決定性的戰略優勢」。

　　8 月 23 日上午 8 時，為避免港內的各國軍艦誤會，法國艦隊將開戰通知送達各國領事館，並告知了馬尾港內的英國「冠軍」、「藍寶石」、「警覺」、美國「企業」4 艘軍艦。當日上午 10 時，閩浙總督何璟接到法方送來的戰書，聲明 4 小時後向中國開戰。愚蠢的清朝官員竟然對福建水師官兵封鎖消息，不准請戰官兵「輕舉妄動」，而寄希望於乞求法軍延期進攻。而何璟乾脆將消息對外封鎖，直到中午 12 時過後方才告知張佩綸等人，真是要多飯桶就多飯桶，要多窩囊有多窩囊。駐福州的福建巡撫張兆棟以及旗艦揚武號管帶兼艦隊指揮張成，

也都先後逃之夭夭，都夠得上執行戰場紀律當場處決的份。

　　張佩綸、何如璋聞報後大驚，以中國來不及準備作戰為由，命精通法語的福建船政著名工程師魏瀚乘船前往法方交涉，聽任各艦拋錨江心，實際上是讓各艦坐以待斃。當他們看到法艦升火待發，才慌張起來，以未做好戰鬥準備要求法方把開戰日期延至次日。而法國艦隊旗艦窩爾達號看見中國方面駛來一船後，認為是中國軍艦來襲，下午13時45分，孤拔隨即下令對中國艦隊開火，法軍一開炮，岸上的張佩綸即被當場嚇暈。

　　馬江海戰爆發。

　　開戰前，先後進入馬尾港的法國軍艦有10艘，另有魚雷艇2艘，還有2艘軍艦在金牌、琯頭一帶江面巡弋，阻止清軍塞江封口，保障後路安全。參戰法艦共有重炮71門，還有不少射速為每分鐘60發的哈齊開斯機關炮，官兵共有1790人。總噸位約15000噸，其中4艘巡洋艦噸位在2000噸以上，凱旋號裝甲巡洋艦噸位甚至高達4127噸，旗艦窩爾達號木殼巡洋艦噸位也有1300噸。

　　而福建船政水師僅有旗艦木殼巡洋艦揚武號和兩艘木殼運輸艦，兩艘炮艦噸位在1000噸至1500噸之間。中國軍艦雖有11艘，但總噸位僅6500餘噸，炮47門（大口徑炮很少），官兵1176人，裝備火炮50餘門，且中國艦隊的軍艦大都採用立式蒸汽機，機器在水線之上，又無護甲，極易被破壞，裝備的火炮又基本上都是前膛炮，既沒有裝甲，威力、射速又都不如法國軍艦裝備的後膛炮，更為不利的是，法國艦隊還裝備了當時的新式武器——機關炮、魚雷。

　　從噸位、防護能力、重炮數量、兵員素質等方面比較，中法兩國海軍實力懸殊，法國艦隊顯然佔有優勢。但是如果清軍充分備戰，與

海岸炮臺密切配合，未始不能給法艦重創。當日13時56分，孤拔趁落潮的有利時機，指揮法艦突然襲擊福建水師。福建水師艦隻未及起錨即紛紛起火，在十分不利的情況下，福建水師下層官兵自發英勇還擊，紛紛與法軍血戰到最後一刻後殉艦同沉。

當時，福建船政的艦船有8艘環衛船廠：運輸艦永保、琛航泊於船廠水坪前；旗艦揚武率炮艦福星、福勝、建勝、伏波、藝新泊於羅星塔上游與法艦相拒；另外3艘炮艦振威、飛雲、濟安泊於羅星塔下游海關附近。此外，還有十餘艘綠營福建水師的舊式師船和許多武裝舢板，分別停泊於羅星塔南側。法國軍艦與船政艦隊相距僅有數百公尺，對中國軍艦形成南北夾擊之勢，所以進攻是從兩個方向同時開始的。

羅星塔上游方向，孤拔指揮旗艦窩爾達等艦集中主要火力攻擊船政旗艦揚武，以部分炮火攻擊其他艦船。揚武來不及調轉船頭，一面砍斷錨鏈，一面發尾炮還擊，第一炮就打中窩爾達的艦橋，炸死法軍5人，法軍又以46號杆雷艇攻擊揚武，另以45號杆雷艇攻擊福星。揚武右舷中魚雷重傷，上層建築也開始中炮起火，管帶張成棄艦乘舢板逃走。揚武艦官兵雖頑強抵抗，但軍艦因受傷過重開始下沉，在沉沒的最後一刻，一名水兵爬上主桅頂掛出龍旗，表示「艦雖亡、旗還在」，最後揚武艦和艦上的官兵共同殉國。

法軍46號杆雷艇擊中揚武後，隨即遭到中國陸軍岸炮的轟擊，鍋爐被擊中爆炸，一人被炸死，軍艦完全喪失了戰鬥力，逃向下游。攻擊福星的45號杆雷艇偷襲未成，遭到福星官兵的猛烈回擊。由於距離太近，福星艦又沒有機關炮，官兵們便用步槍等一切能用的近戰武器攻擊敵艦，46號艇艇長拉都被步槍擊中眼睛，杆雷艇也多處受傷，急

忙掉轉船頭，逃向美國軍艦企業號附近躲避。福星艦管帶陳英指揮官兵擊退 45 號艇後，急令起錨，調轉船頭攻擊敵艦。陳英不顧「彈火雨集，血肉風飛，猶屹立指揮，傳令擊敵」。他的隨從勸他暫避敵鋒，他對部下說：「此吾報國日矣！吾船與炮俱小，非深入不及敵船。」下令衝向敵艦。孤拔指揮 3 艘軍艦圍攻福星。陳英大呼「大丈夫食君之祿，當以死報！今日之事，有進無退！」指揮所有火力猛擊法軍旗艦，但因炮小彈弱未能擊中敵軍要害，在望台督戰的陳英卻不幸中炮身亡，三副王漣繼之開炮奮擊，亦中彈身亡。福星艦「死傷枕藉，仍力戰不退」。法艦又施放魚雷，擊中福星暗輪；接著，艦上火藥倉又中彈起火，福星號這才爆炸下沉，全艦官兵 95 人，僅倖存 20 餘人。

　　跟隨福星之後衝向敵艦的「福勝」、建勝兩艦是用來把守海口的蚊子船，僅在艦首裝備有一尊不能轉動的前膛阿姆斯壯 16 噸大炮，火力很弱，而且馬力小、笨重遲緩，無法靠近援救福星，只能遠距離射擊。建勝開炮擊中孤拔旗艦，輕傷其艦首。敵艦以重炮還擊，建勝多處中炮，管帶林森林陣亡，遊擊呂翰繼續指揮作戰。呂翰，廣東鶴山人，船政駕駛班第一屆畢業生，戰前即遺書老母妻子表示，「見危授命，決不苟免」。開戰後，呂翰短衣仗劍，督率福勝、建勝兩艦迎擊敵艦，面部中彈，稍事包紮又繼續指揮。建勝迫近敵艦時被擊沉，呂翰中炮陣亡。管帶葉琛指揮的福勝艦開戰後尾部中炮起火，死戰不退。葉琛戰鬥中面部受重傷，忍痛督炮連中敵艦，最後飲彈身亡，福勝艦亦被擊沉。

　　羅星塔上游方向的另外兩艘炮艦伏波和「藝新」，在敵艦發出的第一排炮火中就被擊傷起火，遂向上游福州方向撤退。法軍旗艦窩爾達號追擊，藝新轉舵發炮，敵艦退去。伏波、藝新兩艦退出戰鬥，駛至

林浦擱淺。

「永保」和「琛航」兩艘運輸艦火力薄弱，自知無法傷敵，戰事一起，立刻拔錨，開足馬力撞擊敵艦，意圖與法艦同歸於盡，法艦拼命發炮阻擊，兩艦在如林水柱中相繼被擊沉，艦上官兵全部殉難。法國凱旋號裝甲巡洋艦在羅星塔下游方向，船政的 3 艘炮艦振威、「飛雲」和「濟安」與 3 艘法國軍艦對峙。海戰開始後，與振威同泊的「飛雲」、「濟安」2 艦，還沒有來得及起錨就中炮起火，很快沉沒，這是馬江海戰中最早被擊沉的兩艘中國軍艦。法艦早已精確測距，中國軍艦連火都不許升，無法移動，所以戰事一起即被擊沉。振威艦最快做出反應，立即發炮轟擊附近的法艦德斯丹號。振威管帶許壽山，砍斷錨鏈應戰，迅速反擊，並冒著炮火登上望台指揮。法軍集中 3 艘軍艦的火力攻擊頑強抵抗的振威艦。振威艦船身多處中彈，遭到重創，輪葉被擊毀。最後關頭，振威號開足馬力向法艦德斯丹號沖去，意欲同歸於盡。法艦費勒斯號急忙以側舷炮攔擊。振威艦鍋爐中炮爆炸，船身開始下沉。許壽山仍繼續指揮頑強奮戰。外國的目擊者描述說：「這位管帶具有獨特的英雄氣概，其高貴的抗戰自在人的意料中，他留著一尊實彈的炮等待最後一擊。當他被打得百孔千瘡的船身最後傾斜下沉時，他拉開引繩從不幸的振威發出嘶嘶而鳴仇深如海的炮彈」，許壽山這最後一炮重創敵艦長和兩名法國士兵。這位外國目擊者驚歎，「這一事件在世界最古老的海軍記錄上均無先例」。32 歲的許壽山與大副梁祖勳打完這最後一炮後，被敵艦機關炮擊中，壯烈殉國。

停泊在港內的中國舊式水師的帆船和炮船根本不是法艦的對手，「但見敵燃一炮，我沉一船」，很快被全部打沉。沿江人民自發組織起來的火攻船也多數被毀。

　　江上激戰持續了 30 分鐘，很快就以清軍的失敗而告終，到下午 2 時 25 分，馬江海戰結束。

　　福建水師兵船 11 艘、運輸船 19 艘，全被法艦擊沉、擊毀，官兵陣亡 521 人，受傷 150 人，下落不明者 51 人。法軍僅死 5 人，受傷 15 人，有兩艘魚雷艇受重傷，其餘為輕傷。

　　此役中，詹天佑的同學、清廷派出的首批留美幼童中的 4 名陣亡，其中 3 名在美國麻省理工學院畢業。

　　船政艦隊覆滅後，當日夜間，沿江中國居民自發駕駛漁船、鹽船用水雷等武器對法國艦隊發起火攻，整個 23 日夜間，馬江上下火光沖天，雷聲、炮聲不斷。

　　法國遠東艦隊司令孤拔在中法戰爭中重傷死於澎湖群島，關於其死因有多種說法，有說是馬江之戰中孤拔受傷，民間野史則說是當地尚幹義勇林獅獅當日深夜孤身駕著一條獨炮小船，借夜色掩護接近法艦，冒死連續裝藥發炮擊傷了孤拔，無論這個故事是真是假，都可佐證當夜中國百姓和鄉勇確實對法軍發動過攻擊。

　　七月初四上午，部分法軍炮艦趁漲潮上駛，用大炮轟毀福州造船廠，使之變成一片瓦礫。這對中國剛起步的造船工業造成了極其巨大的損失，福州船政局的造船能力一直也沒有恢復到被破壞以前，可見西方帝國主義者對福州船政局這個中國當時最大的軍船基地的痛恨與畏懼。七月初五，法國海軍陸戰隊一部在羅星塔登陸，奪去了 3 門克虜伯大炮。此後幾天，法艦駛向下游，逐次轟擊閩江兩岸炮臺，炸毀無數民房，然後魚貫而出，退至馬祖澳（定海灣）。馬尾海戰的慘敗，主要是清朝政府妥協政策和前敵將領昏聵畏敵造成的，也是中國軍事技術落後於法國的結果。但這是鴉片戰爭以來，中國海軍艦隊第一次

與西方超級大國的海軍正面抗衡，雖然多方因素造成了馬江海戰的慘敗，雖然清軍各方面都比法軍落後很多，但中國海軍當時的裝備、戰術和技術的確與兩次鴉片戰爭中的表現有天壤之別。一些上級軍官雖然懼戰畏戰，但絕大多數中下級軍官和普通士兵的戰鬥精神和戰鬥意志卻是無可挑剔的。事實上，對任何一支海軍來說，這種不懼犧牲、勇於戰鬥的鋼鐵意志和戰鬥精神，才是艦隊最寶貴的財富。我們只從陣亡福建水師將領及軍官的名單中就知道，這支中國艦隊的絕大多數軍官都戰鬥到了最後一刻。福建水師僅七品以上軍官就戰死 32 人，艦長、副艦長戰死 17 名，可見絕大多數中國戰場指揮官的確都能恪盡職守，與戰艦共存亡。

馬江海戰之後，朝廷命建昭忠祠，中祀栗主 12 人，東西配饗各 24 人，軍艦上弁目及練童、醫生等，兩廊祀陣亡兵士 736 人，船政大臣裴蔭森制文立碑，以慰忠魂永垂不朽。

馬江戰役慘敗的消息傳出，中國老百姓頓時沸騰，一致要求對法宣戰。8 月 26 日，馬江戰役 3 天以後，清廷終於頂不住民間壓力正式下詔對法國宣戰。據說在此之前，慈禧六神無主，先是召來醇親王奕譞哭訴：「不願再經歷咸豐故事（指火燒圓明園），也不願大清江山由我手上丟失，由我示弱。」

奕譞只是一味排外，對軍事外交都不是內行，這時候也沒了主張。於是又召集御前大臣、軍機大臣、總理衙門大臣、六部九卿、翰詹科道一起開御前會議，議論不決。慈禧說：「和亦後悔，不和亦後悔。和就是示弱，不和就會割地賠款而且損兵折將。」群臣聽了，面面相覷，許久無人發言。

此時 73 歲的左宗棠緩緩起立說：「中國不能永遠屈服於洋人，與

其賠款,不如拿賠款作戰費。」慈禧含淚稱是,於是宣戰。當左宗棠隨即以欽差大臣的身份南下,督辦福建軍務,主持對法作戰事宜,在這位中國老統帥的堅定指揮下,中法戰爭終於迎來了真正的轉機,勝利的天平開始向中國傾斜。

9月30日,法軍再次猛攻臺灣,一路由孤拔親率11艦進攻基隆,另一路由利士比率4艦襲擊滬尾,企圖直搗臺北,強佔整個臺灣。劉銘傳放棄利於法軍發揮艦炮優勢火力的死守海岸戰術,堅壁清野,炸掉了基隆煤井,銷毀存煤,不留一塊煤給法軍當燃料(當時軍艦鍋爐燒煤),轉移機器,炸毀廠房,留了基隆一座空城給孤拔,主力撤基保滬,再次對法軍登陸部隊設伏待機。10月8日,800名法軍鑽進了劉銘傳伏擊圈,劉銘傳親率衛隊出擊,一舉擊斃法軍300多人。滬尾之戰中,法軍800人登陸部隊被擊潰,拉加利桑尼亞號陸戰隊隊長方丹,雷諾堡號見習軍官羅蘭和狄阿克,凱旋號陸戰隊隊長德荷台,均被清軍梟首。法軍士氣大沮,直到戰爭結束都未敢再犯滬尾。這便是中國史書稱作「淡水大捷」的戰鬥,根據法方發表的數位,法軍共死9人,失蹤8人,傷49人,這是明顯的虛報,因為孤拔承認:「我們的損失十分嚴重……因此我決定放棄佔領淡水埠口。因為我們軍隊員兵,僅勉強足供基隆使用。」很明顯,法軍若真只戰死9人,是不可能放棄作戰計畫的。劉銘傳報告:馘首級25顆,內有兵酋2名。槍斃約300名。

法軍失利後,法國遠東艦隊隨即開始了對臺灣的封鎖,以斷絕臺灣守軍的外援。但這時中國軍隊的前敵統帥已是左宗棠,可不是軟骨頭。左宗棠當即毫不猶豫地下達「渡海討賊令」,派部隊以偷渡強渡的方式攜大批物資不斷越過海峽支援臺灣。是年底,三營「恪靖討賊

軍」（左宗棠爵位二等屬靖侯）在王詩正率領下扮作漁人成功越過法軍封鎖線登陸臺灣，投入臺灣保衛戰，臺灣軍民士氣頓時大振。鑒於福建水師已全軍覆沒，在直接派兵支援臺灣的同時，左宗棠又奏請朝廷派北洋水師和南洋水師前來支援。11 月 20 日，北洋水師超勇、揚威二艦（管帶分別為參將林泰曾、都司鄧世昌）與南洋水師南琛、南瑞、開濟、澄慶、馭遠 5 艦會合援助臺灣，並以開濟為旗艦，由記名提督總兵吳安康統帥。

　　1884 年 12 月，日本利用清政府忙於中法戰爭，無力它顧之機，操縱中國屬國朝鮮的親日派開化黨人發動政變，挾持國王，組織親日政權，史稱「甲申政變」。清政府為控制朝鮮局勢，急令在上海的超勇、揚威二艦開赴朝鮮協助陸軍平亂。這樣，南洋水師開始單獨援台作戰。5 艦於 1885 年 1 月 18 日南下，26 日駐泊浙江南田，31 日駐泊玉環。

　　法國艦隊司令孤拔中將得知消息，立即把封鎖臺灣的任務交給少將利士比，親自率艦隊截擊中國水師。2 月 3 日孤拔率領 7 艘戰艦駛抵吳淞口外搜索南洋水師的軍艦。10 日，主力巡洋艦杜魯士居因號因燃料不足退回基隆。

　　3 月 1 日下午 3 時，法軍以凱旋號居首，率 3 艦進攻招寶山炮臺，炮目周茂訓開炮還擊，港內的開濟、南琛、南瑞也開炮攻擊法艦。清軍炮火犀利，首炮即正中凱旋號艦首，第二炮擊中頭桅，第三炮擊中艦尾。這時清軍海岸炮基本上都是進口的德國克虜伯後膛炮，威力已非鴉片戰爭可比，所以給法軍造成重大損失。炮戰 2 個小時，法軍終於不支撤退。清軍初戰告捷後，為防法國魚雷艇偷襲，南洋三艦統帥吳安康派出 3 艘舢板，各裝 1 門格林炮，在鎮海口外徹夜巡邏。3 月 2

日晚 8 時，法國魚雷艇前來偷襲，遭到巡邏舢板的痛擊，狼狽逃出，清廷軍官《三國演義》都看得精熟，連海軍也很會防劫營的。

3 月 3 日上午，法軍軍艦再次襲擊鎮海口炮臺，遭到清軍猛烈炮擊，守備吳傑在招寶山威遠炮臺親自發炮，這下更猛，清軍一發炮彈擊斷了巴雅號的艦首主桅，下墜的桅木，把正在艦橋上指揮作戰的孤拔砸成重傷，法軍敗退。

3 月 5 日，敵 2 艘小船運兵企圖在南岸饅頭山登陸，被守軍擊沉。3 月 14 日，法艦在海口與清軍進行炮戰。3 月 20 日，薛福成決定夜襲敵艦，派遣副將王立堂秘密把 8 門克虜伯後膛炮推到南岸海邊，出其不意地轟擊敵艦，有 5 發炮彈擊中目標，巴雅、凱旋受傷，法軍敗退。自此以後，法國艦隊無計可施，只得每日在港外遊弋，直至中法停戰，再未敢入侵鎮海。6 月 29 日，法艦被迫全部退走。鎮海之戰是中國近代海軍配合陸軍作戰的第一次勝利。中國正史說法國艦隊司令孤拔此役被擊傷，不久在澎湖死亡。

而這時，就在中越邊境的鎮南關，中國軍隊打了一次真正的大勝仗，取得了中法之戰的決定性勝利，這就是鎮南關大捷！

就在左宗棠派出的王詩正部登陸臺灣不久，法國再次增兵越南。1885 年 2 月，法軍統帥波里也集中兩個旅團萬餘人攻進中國廣西邊境，佔領了廣西門戶鎮南關，炸毀了中國國門，並在鎮南關前的廢墟上插上一塊木牌，上面用漢字大書：「廣西的門戶已不再存在！」

就在這時，又一位中國老將趕到了前線，這位 70 歲的中國老將立即令人在關壁上大書：「我們將用法國人的頭顱重建我們的門戶！」

他就是中國著名愛國英雄將領馮子才！

是年 3 月 21 日，法國東京軍區副司令尼格裡上校率第 2 旅 143 團

第 1 營和外籍軍團第 2 營再次猛攻鎮南關，危急關頭，馮子才傳令諸將：「法再入關，有何面目見粵民？何以生為？有退者，無論何將遇何軍，皆誅之！」

馮子才隨即持矛大呼，頭裹布帕腳踏草鞋，率兩個兒子馮相華與馮相榮率先躍出長牆衝陣，清軍士氣大振，左宗棠派出的「恪靖定邊軍」和各部清軍一起全線出擊與法軍白刃肉搏，法軍抵敵不住，立時大潰，棄屍近千。中國軍隊沿途追殺攻進越境，乘勝收復了諒山。諒山一仗斃傷法國 1000 餘人，扭轉了中法戰爭整個戰局。法國茹費理內閣因此戰失敗垮臺，總指揮官尼格裡也身負重傷，一堆殘兵敗將，拼命向南逃跑。一敗塗地的法國侵略軍，為了活命，把大小輜重、槍炮全都扔了，甚至連搶來的 13 萬塊銀元，也都拋進了江裡。

正當馮子才籌畫攻取河內、恢復全越之時，清廷卻下詔停戰，馮子才被迫含淚撤軍回國，將士白骨，功虧一簣。原來這時李鴻章又要談判了。

慈禧此人，典型的「頭髮長，見識短」，對內玩權術搞平衡，維持滿清貴族統治那是很有一套的，敢說中國歷史上甚至沒有幾個萬歲爺比得上。為了滿清和自己的利益，她也支持洋務派搞點小改革，但是一旦觸動自己的權力體系和滿族統治根基，那慈禧是堅決不幹的，所謂「寧與外人，不予家奴」，「量中華之物力，結與國之歡心」。中法戰爭若全勝，漢人軍政勢力將更加強大，滿人就很難駕馭了，於是慈禧又要求和了，現在中國打了勝仗，正好有條件跟法國重新「和好」！

這就難怪梁啟超入木三分、鞭辟入裡地諷刺慈禧和李鴻章一干軟骨頭：「即使果亡矣，果分矣，而吾今年七十矣，八十矣，洋人不來，強盜不起，我已快活過了一世矣……若不得已，則割三頭兩省之土也

奉申敬賀，以換我幾個衙門，賣三幾百萬人民作僕為奴，以贖我一條老命，有何不可？有何難辦？嗚呼！今之所謂老後、老臣、老將、老吏者，其修身齊家治國平天下之手段，皆具於是矣。」

哪裡想過子孫怎麼辦！

就這樣，1885年4月4日，清政府通過英國人金登幹，跟法國政府簽訂了停戰協定。4月7日，慈禧太后下令停止中法戰爭。6月9日，李鴻章跟法國駐華公使巴德諾，在天津正式訂立了一個條約，也就是《中法越南條約》。這個條約雖然是在中國方面以戰勝國的一方與法國簽訂的，可條約的內容，卻仍然是非常屈辱的，完全像一個戰敗國一樣，出賣了國家的主權。

從鎮南關大捷，到《中法越南條約》的簽訂，我們不難看出，中國人民所蒙受的恥辱，一方面來自於帝國主義野蠻的侵略，而另一方面卻來自昏庸、腐朽的統治者。對於中國的統治者來說，無論是勝也好，敗也罷，反正都得簽訂屈辱的條約，把中國的主權和領土，送給洋人。儘管近年來很多精英總想給李鴻章翻投降派的案，但歷史真是鐵證如山，李鴻章軟骨頭這個案子恐怕很難翻過來了。中國在東南沿海和越南連連大捷，打得法國內閣倒臺、束手無策之際，竟簽訂如此屈辱的條約，實在讓人難以接受。

以鎮南關大捷來說，左宗棠、馮子才雖然了不起，中國卻反而投降，在福州坐鎮督戰的左宗棠為此氣得一病不起，於1885年9月5日病逝於福州。這位中國近代最偉大的軍事統帥最後的口述遺疏是：「此次越南和戰，實中國強弱一大關鍵，臣督師南下，迄未大伸撻伐，張我國威，遺恨平生，不能瞑目！」隨後左宗棠在「我出隊！出隊！我不寧打。這個天下他們不要，我還要……」的喃喃低語聲中閉上了雙

眼，是夜福州城東北角崩裂兩丈多寬，消息傳出，福州街巷一片哭聲。

左宗棠一生系天下安危數十年，時人贊其風骨精神：「絕口不提議和事，千秋獨有左文襄！」章太炎評論：「左氏橫於赤縣者尚二十年，當是時，白人雖覬覦，猶斂戢勿敢大肆。」

左宗棠對於中國國防事業最後一個貢獻是，在他生前力主下，1885 年 10 月 12 日，臺灣行省成立，劉銘傳就任臺灣行省第一任巡撫。此前中國歷代，臺灣一直由福建代管。此前一年，1884 年 10 月，新疆行省成立，劉錦棠就任首任巡撫，這更是從林則徐開始就有的夢想。左宗棠於中華民族厥功至偉矣！

一頭獅子統帥的一群綿羊能打敗一頭綿羊統帥的一群獅子。失去了左宗棠這位猛獅統帥，清廷之中能做決策的高層人物全是些慈禧、李鴻章那樣見洋人就發抖的人物。此後中國軍隊裝備越來越好，反侵略戰爭中卻再也打不出收復新疆和中法戰爭那樣的好仗了。

中法之戰，戰場遼闊，從越南，到臺灣，到中國沿海，戰線綿延萬里。法國更是當時世界上公認的超級強國，清廷軍隊卻與位居世界上第二強的法國海軍和陸軍互有攻守，並且是在戰局於己有利的情況下達成了談判協定，這不能不說中國的軍事力量在洋務運動中取得了巨大進步。雖然由於體制的腐敗、政府的昏庸、統帥部的無能，造成了一系列嚴重的戰爭失誤，但中華國防力量的巨大進步卻是無法抹殺的。雖然沒打什麼好仗，但馬江之戰極端被動之中血戰到底，南洋水師 5 艦援台，敢於橫槊東海巡弋減輕臺灣壓力，鎮海諸炮臺擊退法軍艦隊，重傷法軍司令孤拔，這的確是大清海軍巨大的進步。

中法戰爭使清廷君臣更加意識到了海軍和海防的重要性，連慈禧在召見中法兩國商議劃定中越邊界廣西段的劃界大臣鄧承修時，都痛

切地說：「此番立約，實系草草了事，朝廷吃虧在無水師。」左宗棠臨終前上摺再次強調海軍的重要性：「臣老矣，無深謀至計可分聖主憂勞。目睹時艱，不勝愧憤。惟念開鐵礦，製船炮各節，事雖重大，實系刻不容緩。」垂垂老臣，耿耿忠心，即慈禧亦深為感動，李鴻章也上了一道請辦武備學堂以培養海軍人才的奏摺，促使清廷在 1885 年夏季再次發起一場關於海防建設的大討論。

9 月 30 日，慈禧太后發佈懿旨，將海防建設的討論擴大至軍機大臣、總理衙門王大臣及醇親王。討論主要環繞設立海軍衙門、確定海軍發展的重點、落實海軍發展的經費、加強海軍人才的培養、重視艦炮軍火的製造等問題展開，涉及問題較第一次海防大籌議更為深入。設立全國性的海軍管理機構，裁汰舊式師船，建設現代海軍，開礦設廠，加強基礎工業建設等等，中法戰爭的痛切終於讓清廷上下朝野達成空前一致：一句話，中國要大力發展海軍！

可惜此時左宗棠已經亡故，中國軍隊失去了一位最優秀的戰略家和統帥。左宗棠的去世，使得中國海防建設失去了一位規劃者和實施者，也使湘淮系權力制衡的天平產生重大的傾斜，湘系失去了一個能與李鴻章相抗的人物。從此，中國海防建設的計畫主要由李鴻章來主持，海軍發展的重點也終於轉向北洋一隅。

北洋為京畿門戶，此時與中國隔海相望的日本正飛速崛起，西覷朝鮮，南望琉球臺灣，威脅日甚。第二次鴉片戰爭中的英法聯軍更是入渤海直下大沽口，攻入中國京師，所以北洋水師本來就是大清海軍建設重點。而李鴻章本就擔任北洋大臣，而且限於中國當時的國力，也只有能力重點發展一支主力艦隊，所以清廷權衡左右，決定重點發展北洋水師拱衛京師。這樣，清廷南北洋海軍同步發展的建軍路線正

式被修改了，改為以北洋海軍建設為重。

　　中國古代沒有全國性的海軍指揮機構，清代八旗、綠營水師也和中國歷代一樣，屬於各地將軍、教練督撫指揮下的輔助軍種，但是鴉片戰爭後中國興起的造船購艦熱潮，使沿海各省迅速集結起一批近代軍艦，而海軍自己的特點決定了這些軍艦必須編隊指揮，一句話，海軍需要自己獨立的指揮機構才能發揮戰鬥力。這樣，在清廷開始大力重視海軍的歷史背景下，1885 年 10 月 24 日，清廷「總理海軍事務衙門」成立，這是中國歷史上第一個海軍司令部，標誌著中國近代海軍已成為一個獨立的軍種，在中國軍隊建設史上有十分重要的意義。

　　作為海軍衙門的第三號人物和北洋大臣，李鴻章也傾盡全力大力發展北洋水師，迅速建成了一支全亞洲最強大、全世界排名第六的海軍艦隊，同時拼老命辦工廠，興教育，買武器，建部隊。但每當歷史需要他拉出軍隊跟外國侵略者真刀真槍幹一場時，優秀管理家李鴻章卻又每次都舉棋不定懦弱怯戰，沒有一次能當好戰略家和戰爭統帥，結果總是弄得自己苦苦練出的精兵軍心不定最終全軍覆沒。讓人時常惋歎李鴻章到底練兵養軍幹什麼，說到底，軍隊就是打仗用的，又不是拿來威風的玩具。所以後人總結左宗棠與李鴻章的區別：「左主戰，以未得一決雌雄為憾事，李最不欲戰，而中國之役，迫其一試，竟喪令名，為士大夫所唾棄。……李嘗為清議詆以賣國，擬為秦檜。」

第 六 章

東瀛日本在崛起

中國作為亞洲大陸上的超級大國，在文明發展的諸多方面都長期居於東亞的領先方面，古代的日本勞動人民以自己高度的智慧和辛勤的勞動，創造了具有獨特民族特色的日本文化：「繩紋文化」、「彌生時代」。但是，日本民族的發展的確是從一衣帶水的中國那裡受益匪淺的。日本人不太瞧得上近現代中國人，但也承認「古代中國人是非常了不起的」。

日本大名鼎鼎的哲學家中江兆民就直言不諱：「我們日本沒有哲學。」日本文化史上一直沒有產生像西方的亞里斯多德，中國的老子、孔子、禪宗六祖慧能那樣的巨哲。巨哲的產生需要遼闊的時空歷史背景沉澱，深厚的民族文化積累，不是日本人民沒有足夠的智慧養育出自己的巨哲，而是日本狹窄的地理條件和相對單薄的歷史文化，使日本沒有足夠的歷史養分和肥沃的時空土壤培養這樣的人物。巨哲和他們的思想體系是構築文明最重要的基石之一，日本文

明缺乏的這塊基石的確是由中國人民給日本人民彌補上的。從 4 世紀中國儒家傳入日本開始，佛教、道教諸子百家著作都從中國陸續東傳日本，日本貴族對這些中華文明的寶貴結晶如獲至寶，中華文化的移植，大大提高了日本文化的水準。太宰春台實事求是地評價中國文化對日本人民道德行為的影響：「雖為天子，兄弟子侄皆可為夫婦，後通異國，中華之道行於我國，天下萬事皆學中華，我國人始知禮儀，悟人倫之道，棄禽獸之行。」

⚓ 漢倭奴國王

中國文化傳入日本甚古，早在姬周時期，兩國已有交往，頻繁往來始自漢光武帝，西元 57 年，一個來自北九洲「倭奴人國」的人來到中國洛陽，拜見東漢光武帝劉秀，劉秀賜其純金印綬，此印陰刻五個篆字：「漢倭奴國王。」

1784 年，日本志賀島農民甚兵衛整修農田時發現此印，從而證實了中國史籍的記載，後來福岡藩的飽崇宿儒看出金印的重要性，將其獻給黑田藩。明治以後，這顆金印被指定為國寶。1954 年再定為日本一級國寶，現收藏於福岡市博物館，日本甚至專門為這顆金印發行過郵票。日本曾有歷史學家懷疑過此印的真假，但 1956 年，中國雲南省考古工作者在雲南晉甯縣石寨西漢古墓群中，發掘了一座滇王墓，墓中有一枚金印「滇王之印」，是漢武帝劉徹於西元前 109 年賜給滇王嘗羌的「廣陵王璽」。此璽除「滇王之印」四字與日本出土的「漢倭奴國王」不同外，其他無論從外觀、尺寸、字體形狀和質地都同於日本發現的金印。人們推測這兩顆金印有親戚關係。

由這枚金印引起的爭論仍在繼續，關於這枚金印的傳說也變得神乎其神。據說有一次廣陵王璽被借到日本福岡參展，名古屋的攝影專家前往拍照。當把兩顆印擺得很近的時候，兩印之間出現了在北極和南極常見的那種極光！

由於朝鮮與日本僅一狹窄海峽相隔，所以當時中華文明東傳日本，多經朝鮮半島浮海而至四島，所以中國、朝鮮、日本自古以來就交流非常密切，三國關係真是愛恨情仇交相混合。關係好的時候，真是感人肺腑，好到相互之間可以割頭換頸子的。關係壞的時候呢，那

白刀子進紅刀子出也很正常，咬牙切齒你死我活的時候也不是沒有，660年之前，朝鮮半島是高句麗、百濟和新羅三國鼎立，史稱朝鮮三國。三國之間的關係很微妙，一會兒是友，一會兒是敵。新羅最初與高句麗結盟以對付百濟和倭。隨著高句麗的南下，新羅開始與百濟結盟對付高句麗。新羅從百濟手中奪到被高句麗霸佔的漢江流域後，疆土抵達黃海，開始與中國唐朝結盟對付百濟和高句麗。

顯慶五年（西元660年）七月，百濟為唐、新聯軍所滅。唐軍留郎將劉仁願等駐守百濟王城，大部隊自押俘虜回國。百濟的覆滅，對倭國來說，也是極其重大的損失。如果聽任百濟亡國，則倭國在朝鮮半島上的勢力，將被全部清除。齊明七年（日本年號，西元661年）正月，以倭王親征的形式，向百濟發兵數萬。

這樣，倭人與唐軍就不可避免地進行了一次較量，這是中日兩國歷史上的第一次戰爭。指揮唐軍迎戰日軍的是唐初名將劉仁軌。

劉仁軌出道很早，成名卻很晚，60歲才開始統兵出征。當時半島北部的唐軍主力因攻平壤不克，大雪天寒皆已歸國，將士皆欲泛海西歸，劉仁軌卻從大局出發，堅決不允，勵士曰：「《春秋》之義，大夫出疆，有可以安社稷、使國家、專之可也。況在日滄海之外，密邇豺狼者哉！且人臣思盡忠，有死無貳，公家之為利，知無不為！」於是全軍感奮，出死力與劉仁軌共鎮百濟，這就是劉仁軌孤軍鎮百濟的傳奇故事。

西元663年8月17日，劉仁軌率7000唐軍與5000新羅聯軍、與百濟國王扶餘豐率領的4萬日軍與5000百濟聯軍，在白江口（今朝鮮半島西南部的錦江口）展開會戰。日本史籍對此有詳細的記述：「大唐軍將率戰船一百七十艘，陳列於白江村。戊申（27日），日本船師

初至者，與大唐船師合戰。日本不利而退，大唐堅陣而守。己申（28日），日本諸將與百濟王夜觀天象，而相謂之曰：『我們奮勇向前進攻，唐軍就會撤退。』更率日本亂伍中軍之卒，進打大唐堅陣之軍。大唐便自左右夾船繞戰，須臾之際，官軍敗績，赴水溺死者眾，艫舳不得迴旋。朴市田來津仰天而誓，切齒而嗔殺數十人，於焉戰死。是時，百濟王扶餘豐與數人乘船逃去高句麗。」

中國史料則記載：「倭船千艘，停在白沙，百濟精騎，岸上守船。」劉仁軌立刻下令佈陣，一百七十艘戰船按命令列出戰鬥隊形，嚴陣以待。倭軍戰船首先開戰，衝向唐軍水陣。

當時日本與唐軍的艦船與艦船技術水準相差之大，和鴉片戰爭對中英海軍對比也差不了多少，由於唐軍船高艦堅利於防守，倭軍船小不利於攻堅，雙方戰船一接觸，倭軍立刻處於劣勢。倭軍的指揮員慌忙下令戰船撤回本隊，其指揮互相計議說：「我等爭先，彼當後退。」遂各領一隊戰船，爭先恐後毫無次序地衝向早已列成陣勢的唐海軍。倭軍坐井觀天，妄自尊大（跟鴉片戰爭前的清軍自我感覺良好差不多）竟然認為將智兵士，唐軍見之，必然自動退去，於是浩浩蕩蕩地闖進了唐軍的埋伏圈。

唐軍統帥見倭軍軍旅不整，蜂擁而至，便指揮船隊變換陣形，分為左右兩隊，將倭軍圍在陣中。倭軍被圍，艦隻相互碰撞無法迴旋，士兵大亂。倭軍指揮朴市田來津奮勇擊殺，直至戰死，但亦無力挽回戰局。此役，數萬倭兵被大唐軍全數殲滅。

中國曾有傳說，朴市田來津身披金甲，勇冠三軍，連斬十餘唐兵，有唐軍勇將大怒，執刀欲與朴市田來津單挑，劉仁軌於高處見之，阻之曰：「匹夫之勇，於事何益，即死矣。」片刻之後這位日本勇

將就被唐軍亂箭射成了刺蝟。可見中日兩國史書對中日這場戰爭的經過和結局記載是澈底吻合的。

百濟王先在岸上守衛，見倭軍失利，趁亂逃亡高句麗。白江口之戰，結束了新羅與百濟間的長期糾紛，唐滅百濟，5 年之後滅高句麗，與唐友好的新羅強大起來，逐漸統一半島。倭國受到嚴重打擊的直接後果是：停止了對朝鮮半島的擴張，隨後千餘年，未曾向朝鮮半島用兵。

日本這個民族有一個極大的優點，那就是非常善於在失敗中學習，唐軍的完勝使日本澈底認識到了當時中華文明的強盛和博大，於是日本從上至下掀起了一股舉國向唐朝學習的熱潮（以後佩里黑船打開日本國門，日本馬上搞了明治維新，全面向西方學習，很快成了亞洲首強。二戰失敗後又全面向美國學習，很快在一片瓦礫廢墟上建成了一個排名世界第二的經濟超級大國，日本人民這種偉大的學習精神是非常令人欽佩和尊敬的）。

唐代是中華文明封建時代最輝煌的鼎盛期，至今海外華人還將自己的聚居區命名為唐人街，以示對那個最讓華人驕傲時代的留戀。唐代繁榮的經濟、昌明的文化和完備的制度，對日本產生了極其強大的吸引力。唐朝文化的各個方面、哲學思想、文物制度、文學藝術、音樂舞蹈、天文曆算、醫學、建築等文化科技的各個領域，以致衣食住行，風俗娛樂等都被大規模移植嫁接到日本。

擔任中國文化交流主體的，就是歷史上著名的「日本遣唐使」，也就是官方留學生。其實在隋朝時期，西元 600 年日本聖德太子已經第一次派遣過隋使。

日本官派遣唐使共有 20 次，實際成行 17 次。遣唐使團的規模初

期約 1、200 人，僅 1、2 艘船，到中、後期規模龐大，一般約 500 餘人，4 艘船，最多是 838 年，竟達 651 人。使團成員包括大使、副使及判官、錄事等官員，成員有陰陽師、文書、醫生、翻譯、畫師、樂師、譯語、史生等各類隨員和各類工匠以及水手。此外，每次還帶有若干名留學生和學問僧。

日本朝廷選拔的使臣大多為通曉經史、才幹出眾而且漢學水準較高、熟悉唐朝情況的第一流人才。甚至相貌風采、舉止言辭也不同凡響，就是隨員也至少有一技之長，至於留學生與學問僧也均為優秀的青年，有的在留學前已在國內嶄露頭角，學成歸來一般均有一定建樹。一句話，派往唐朝學習的，全是當時日本真正的精英，遣唐使一旦安全回國，立即奏報朝廷，進京後舉行盛大歡迎儀式。使臣奉還節刀，表示使命完成，天皇則為使臣晉級加官，賞賜褒獎，並優恤死難者。

遣唐使團在唐國受到盛情接待。唐朝有關州府得到使團抵達的報告後，馬上迎進館舍，安排食宿，一面飛奏朝廷。地方政府派專差護送獲准進京的使團主要成員去長安，路途一切費用均由唐政府負擔。遣唐使抵長安後有唐廷內使引馬出迎，奉酒肉慰勞，隨後上馬由內使導入京城，住進四方館，由監使負責接待。接著遣唐使呈上貢物，唐皇下詔嘉獎，接見日本使臣，並在內殿賜宴，還給使臣授爵賞賜。

遣唐使臣在長安和內地一般要逗留 1 年左右，可以到處參觀訪問和買書購物，充分領略唐朝的風土人情。遣唐使歸國前照例有餞別儀式，設宴暢飲，贈賜禮物，珍重惜別。唐朝政府除優待使臣外還給日本朝廷贈送大量禮物，表現了泱泱大國的風度。最後遣唐使一行由內使監送至沿海，滿載而歸。

從鄭和的大航海時代到東瀛崛起

　　遣唐使對日本的貢獻，首先是引進唐朝典章律令，推進日本社會制度的革新。遣唐使在長安如饑似渴地考察學習，博覽群書，回國後參與樞要，仿行唐制，如「大寶法令」即是以唐代律令為規範制定的。還仿效唐朝教育制度，開設各類學校教授漢學，培養人才。818年，嵯峨天皇根據遣唐使菅菁原清公的建議，下詔改禮易俗，並命「男女衣服皆依唐制」，連曆法、節令、習俗也儘量仿效中國。

　　其次是汲取盛唐文化，提高日本文化藝術水準。遣唐使每次攜回大量漢籍佛經，朝野上下競相模寫唐詩漢文，白居易等唐代著名詩人的詩集在日本廣泛流傳。留唐學生僧人還借用漢字偏旁和草體創造出日本的假名文字。遣唐使還輸入唐朝書法、繪畫、雕塑、音樂、舞蹈等藝術，經過消化改造，融為日本民族文化。甚至圍棋等技藝和相撲、馬球等體育活動也是從唐朝傳入的。遣唐使團中常有日本畫師、樂師以至圍棋高手赴唐訪師學藝、觀摩比賽。

　　日本民間文化代表、著名的三道──茶道、花道、書道全部源自唐國。

　　聞名世界的日本搏擊術空手道起源於盛唐時期，由日本武道傳播者帶回日本，將其完善。它原稱「唐手」，其日文讀音與「空手道」諧同，故稱「空手道」，現代空手道繼承了實用性、觀賞性的特點，摒棄了現代中國武術以觀賞為主而忽視實用性的缺點。

　　現在的「日本刀」的形狀總體上就是完全抄襲唐朝的「橫刀」樣式加以改良，雖然這對於喜歡標榜日本刀攻擊力的日本人來說是種難堪，但是這的確就是真實的歷史。唐橫刀的鍛造技術在當時世界上是極為先進的，鍛造出來的刀鋒銳利無比，而且步騎兩用。唐朝製造橫刀的技術後來被日本學去，成就了日本刀後世的聲名。

　　所以當年日本侵略中華時，有人憤憤地說：「不是我們中國人，日本人連飯都不會吃」，雖然這位仁兄的確有點兒子打老子的阿Q精神，但這話也並不是太誇張，因為日本人吃飯用的筷子，也是在4到6世紀之間，從中國經朝鮮半島傳到日本的，日本人至今還將筷子稱作中國古字「箸」。

　　毫不誇張地說，唐代對日本的文化科技輸出，是人類歷史上空前規模的文明成果和平佈施，是中國當時先進的文化輸出奠定了日本文明作為一個真正意義上的文明的基礎。任何一個持論公正的日本歷史學家都不能不承認，中國之於日本，有如希臘之於西方，從文化學意義上說，中國是日本真正的文明之母。

　　當時除中日兩國民間也有大規模的經濟文化交流，這其中最有名的當然就是鑒真大師東渡日本的故事。

　　鑒真大師當時在中國已經是國寶級的人物，日本來訪使者慕其高風大德，希望能請大師東渡日本傳法，結果為使大乘佛法惠及日本人民，大師先後六次捨命東渡，終以盲眼為代價赴日成功。大師受到日本朝野盛大的歡迎，旋即為日本天皇、皇后、太子等人授菩薩戒，為沙彌證修等440餘人授戒，為80僧舍舊戒授新戒。自此日本始有正式的律學傳承，所以鑒真被尊為日本律宗初祖。

　　756年孝謙天皇任命鑒真大師為大僧都，統理日本僧佛事務。759年，鑒真及其弟子們苦心經營，設計修建了唐招提寺，此後即在那裡傳律授戒。在營造、塑像、壁畫等方面，他與弟子採用唐代最先進的工藝，為日本天平時代藝術高潮的形成增添了異彩。唐招提寺建築群，即為鑒真及其弟子留下的傑作。整個結構和裝飾，都體現了唐代建築的特色，是日本現存天平時代最大最美的建築。鑒真去世前，弟

子們還採用幹漆夾這一最新技藝，為他製作了一座寫真坐像，日本奉為國寶。1980 年 2 月，日中友好團體為了增進兩國人民世代友好下去的情誼，曾將坐像送回北京、揚州兩地供中國人民和佛教徒瞻禮。鑒真及其弟子大都擅長書法，去日時攜帶王羲之、獻之父子真跡，在日本流傳至今，影響所及，至今日本人民猶熱愛中國書法藝術不衰。當時日本佛典，多從朝鮮傳入，口授、手抄，錯誤在所難免。據《續日本紀》記載，天皇曾為此委託鑒真校正經疏錯誤。鑒真對日本人民最突出的貢獻，是醫藥學知識的傳授，他被日本人民奉為醫藥始祖。日本豆腐業、飲食業、釀造業等也認為其行業技藝均為鑒真所授。

唐代是中日兩國人民友好往來的鼎盛時期，留下了許多兩國人民感人肺腑的動人故事。這裡最膾炙人口的就是阿倍仲麻呂與中國詩仙李白的兄弟之誼，和在中國流傳極廣的中日混血兒喜娘替亡故父親遣唐使藤原清河回日本探望故國的傳說。阿倍仲麻呂於西元 717 年 3 月19 歲的時候隨第八次遣唐使入唐，與中國最有名的大詩人李白結下深厚情誼。西元 753 年 11 月 15 日晚上，阿倍仲麻呂打算隨日本第十次遣唐使回國，可歸國途中卻遇到了大風巨浪的襲擊！當這個消息傳回中國後，阿倍仲麻呂的好友——身在南方的李白誤以為阿倍仲麻呂已經遇難，在悲痛欲絕之中，寫下一首《哭晁卿衡》以悼念友人：「日本晁卿辭帝都，征帆一片繞蓬威代爾壺。明月不歸沉碧海，白雲愁色滿蒼梧。」這是一首留傳至今，代表了當時中日兩國人民真情實誼的名詩。其實阿倍仲麻呂並沒有遇難，且一直留在中國，直到西元 770 年去世。

中日兩國轟轟烈烈的文化交流終於在唐昭宗時代落下最後的帷幕，西元 894 年，新任遣唐使菅原道真引用在唐學問僧中瓘的報告而

上奏天皇，以「大唐凋敝」、「海陸多阻」為由，建議停止派遣唐使。宇多天皇接受了這一建議，兩國關係遂告中斷。

隨著日本政府推行閉關政策，終止中日一切貿易往來之後，中日之間官方往來在唐以後比較少，然而民間往來從未真正中斷，尤其是日本僧人渡海求法，那更是經常有的事。而且日本民間和貴族都十分喜愛「唐物」，甚至可以說是崇拜，所以走私也就應運而生了，以至於中部、四國及九州一帶的豪族成了走私者的保護神，公開對走私者徵稅，稱「唐物稅」。

北宋時，日本僧人奝然來華，受到比遣唐使更高的禮遇。《宋史》記載宋太宗對日僧大發了一番無厘頭的感慨云：「太宗召見奝然，存撫之甚，厚賜紫衣。于太平興國寺，上聞其國王一姓傳繼，臣下皆世官。因歎息謂宰相曰：『此島夷耳，乃世祚遐久，其臣亦繼襲不絕。此蓋古之道也。』」

是啊，要是中國的皇帝不管怎麼胡來，皇位總能像日本天皇一樣「安忍不動如大地，咬定泰山不放鬆」該多好啊，難怪宋太宗羨慕日本天皇！不過像壇之浦大戰中，二位尼祖母抱著外孫——8歲的安德天皇和日本神器，憤怒指責日本不配養育天皇這樣的偉人之後一起跳海這檔子事，宋太宗肯定沒聽說過！

僅從中日文化交流這件事上，也可以看出古代中國在東亞不可撼動的中心地位，所以中國古代皇帝總以「天朝」自居，視四方外邦為蠻夷，這種根深蒂固的自大思想的確是在這種優勢文化輸出（也包括大規模的科技發明和物質輸出）的歷史背景下產生的。

白江口海戰後，中日真誠親密友好交往了 600 年的時間，600 年間中日雙方無一兵一卒之傷，無寸劍尺刀之創，這種國與國 600 年的友

好交往在西方歷史上是根本不可能想像的，歐洲各國之間的相互攻伐直到打了兩次世界大戰後才稍稍平息。

僅從能夠長期保持各國之間的和平友好局面這一點看，古代以中國為首的東亞諸國的和平主義思想與國際智慧，就值得西方諸國認真研究學習，這就難怪被稱為 20 世紀最偉大的英國大歷史學家湯因比說：「拯救 21 世紀人類社會的只有中國儒家思想和大乘佛法。」（湯因比當時預言，人類必將因為過度的自私和貪欲迷失方向，科技手段將毀掉一切，加上道德衰敗和宗教信仰衰落，世界必將出現空前的危機，湯因比和日本著名思想家池田大作都認為，拯救 21 世紀人類社會的只有中國儒家思想和大乘佛法，所以 21 世紀是中國的世紀。湯因比還說，如果有來生，我將在中國。

但是東亞的和平安寧，乃至整個世界的千年秩序，都被北方草原狂飆中怒濤雷霆一樣猛烈崛起的風暴帝國——蒙古一瞬間就打得稀裡嘩啦。

西元 13 世紀，在人類歷史上最傑出的軍事統帥鐵木真的率領下，數十萬蒙古鐵騎僅用兩代人時間就在歐亞大陸建立了一個疆域 3 千多萬平方公里，人類歷史上空前的大帝國。從總體上看，從蒙古的征戰中得益最大的是西方和俄羅斯，如果不是鐵木真父子犁庭掃穴般夷平了中亞那些既有高度文明又非常強悍的民族和國家，並由金帳汗國傳承了歷史文化地理知識和軍事技能，僻居歐洲北部偏遠苦寒地帶的俄國人，根本就不可能在以後對西伯利亞和中亞，如入無人之境一樣爆炸般擴張（俄國政治家承認：俄國人的靈魂中，有深深的韃靼烙印），而歐洲在拔都西征中學到了蒙古帝國全套的謀略和軍事思想戰術，這對以後歐洲各國的整體走向起到了巨大的牽引作用。

　　而受蒙古帝國征服深害之最的就是東方，文明越發達的地方受創越重。中亞就不必說了，中國北方的漢族人被列為第三等漢人，地位在色目人之後（中亞阿拉伯人），而反抗到最後才被征服的南方漢族人竟被列為蒙元地位最低的四等賤民「南人」。「南人」在世界範圍內對蒙古抵抗時間最長，打得最慘烈，還在今天中國重慶釣魚城打死了蒙古大汗蒙哥（此地即世界歷史上有名的上帝折鞭處，正因為蒙哥戰死，正在中歐所向無敵向西歐攻擊的蒙古西征軍只好返回蒙古草原爭奪汗位，中日釣魚城一戰拯救了歐洲和整個基督教世界），以後「南人」又在全世界第一個將蒙古帝國驅逐回北方草原。

　　蒙元時期，中國傳統上社會地位最高的讀書人，澈底斯文掃地，只好到社會最底層寫劇本混飯吃，直到今天，提起元朝最出名的讀書人，想半天可能還是只會說：「戲曲家關漢卿還挺火的。」

　　蒙古帝國大規模的殺戮，文化破壞，奴役式的剝削，最落後的集權專制政體，把中國傳統文明幾乎統統打得個七零八落（所以後來中國大歷史學家陳寅恪哀歎，真正的中國只能到宋以前找）。傳統中國用了 1000 多年時間建構起的東亞諸國之間傳統和平友好的外交格局就更不用說，一瞬間就被蒙古鐵騎踏得面目全非了。中日之間 600 年的友好一夜之間就被破壞了。

　　元代是中國的正朔，所以忽必烈伐日這筆侵略戰爭的賬，那是不能不算到中國頭上去的，但是實事求是地說，傳統意義上的中國人才是這場侵略戰爭中最大的受害者。侵日戰爭中，蒙軍用剛征服的 10 萬南宋軍去攻伐日本，這個用意實在是太明顯了，忽必烈就是打算把這些堅決抵抗到最後的南宋軍在侵日戰爭中消耗掉，以鞏固自己的統治。所以我們清楚地看到，戰爭中突遇颱風後，元將寧可救馬也不救

從鄭和的大航海時代到東瀛崛起

落水的江南軍,最後還是江南軍自己的將領張禧扔掉 75 匹馬才救回 4000 人,另外還有 35000 人乾脆被扔到日本各海島上棄之不顧,被日軍慢慢殺掉了事。人類歷史上,統帥和將領如此對待自己部下的戰例實在不多,所以瞎子也看得出來忽必烈伐日的目的。

忽必烈伐日,兩次突如其來的大颱風刮敗了蒙古軍,感恩戴德的日本人,從此將颱風稱為「神風」,後來在二戰中被美國人打得上躥下跳無路可走時,日本人希望老天爺開恩,發夢「一機換一艦」,指望空中武士變成導彈操縱導航系統,用撞擊戰術扭轉戰局,並用歷史上救過日本命的「神風」為這種空軍敢死隊命名,這就是二戰史上著名的「神風特攻隊」的來歷。

⚓ 上陸與鎖國

終元一代,日本未能踏上東亞大陸,這是很好理解的,以元朝軍事力量的強大,日本貿然上陸,無異於貓捋虎鬚,只能祈禱天照大神保佑元軍不要發動第三次伐日戰爭,「事不過三」這句中國老師的成語,日本人肯定聽說過,再大膽的日本武士也不敢把日本的國運寄託在第三次神風上。所以忽必烈伐日失敗之後,中日互不往來,你不理我,我也懶得看你,兩國之間一百多年互不串門,倒也相安無事。

戰國時期在日本的歷史地位等同於中國的三國時代,當時整個日本都成了戰場,戰國群雄割地稱王,200 多個大名占城掠地,不聽從任何人的號令,一門心思都想「上洛」(即進入京都宣示其霸主地位),總之都想建立自己的山口組,可憐的日本天皇與室町幕府只能和中國三國時的漢獻帝同病相憐。

186

　　這 100 多年最傑出的日本英雄有 6 個，這就是北條半雲、上杉謙信、武田信玄、織田信長、豐臣秀吉和德川家康。

　　北條半雲是戰國大名的先驅性人物，治國安邦的奇才，在日本關東地區稱雄。

　　上杉謙信和武田信玄是一生惺惺相惜的死對頭，都是出類拔萃的軍事奇才，有點像中國的曹操和劉備。兩條好漢五次川中島合戰（大會戰）在日本家喻戶曉，信玄一生都在夢想「上洛」，全日本沒有一個別的大名打得過他，但就是被謙信死死拉住不得脫身。到了晚年，信玄終於能向京都進軍，一路把後來稱霸日本的後起大名德川家康和織田信長打得雞飛狗跳，家康在三方原甚至輸得要自殺剖肚子！

　　眼看就要「上洛」成功，繡著中國孫子兵法名句「疾如風，徐如林，侵掠如火，不動如山」的武田軍旗即將插上京都城頭，信玄卻不幸病死軍中，功虧一簣。

　　武田信玄之後，就是著名的日本怪物英雄織田信長稱雄了，信長幼年簡直就是個超級混球，結果家臣兼恩師平手政秀只好忍痛切腹勸諫。政秀的確死得值，他對著自己的肚子切了兩刀，卻為日本切出了個大英雄！

　　老師死後，信長的狀態就仿佛中國禪宗裡講的頓悟，一夜之間由小混球變成了大英雄，簡直以秦始王掃六合之勢一股腦兒將日本 66 國征服了 30 國。除了在名取川被不久病死的老英雄上杉謙信打得雞飛狗跳外，簡直就沒吃過什麼敗仗，但是信長的暴戾脾氣可沒因為師傅的死而改變。據說是因為一條魚沒燒好，信長狠狠侮辱了自己的大將明智光秀。有日本人考證說是信長把魚盆當著很多尊貴客人的面，扣到光秀腦門上，這下光秀覺得太丟面子了，一不做二不休，乾脆在京都

從鄭和的大航海時代到東瀛崛起

燒死了即將統一日本的織田信長！

看來不但中國人要面子，日本人也很講面子的啊。

明智光秀剛燒死自己的主人信長，信長最喜愛的一員大將馬上以迅雷不及掩耳之勢從前線回師，在天王山擊滅了光秀，為將自己從乞丐堆裡撿回來培養成大將的主人報了仇。搶到了信長遺子三法師，幹起了曹操挾天子以令諸侯的勾當，這就是日本傳奇人物、在中國人中也很知名的「猢猻」豐臣秀吉。據說當時織田家眾將在清洲跪拜幼主三法師殿下，出身微賤的猴兒精卻抱著三法師頷首還禮，這當然引起織田家另一名臣、同樣野心勃勃的柴田勝家的不滿。於是名門出身的勝家，和出身微賤的得胡扯老母和天皇有一腿遮醜的秀吉火拼一場，猢猻在賤之岳壓平了柴田大軍，直上北海道，在北之莊逼死娶了日本第一美女而讓秀吉嫉妒得要命的柴田勝家，接著秀吉又拿老娘做人質收服了織田家的盟友德川家康，高舉信長遺下的「天下布武」大旗，四處征戰，很快基本完成了日本的統一。

出身貧寒，幼年吃盡苦頭的豐臣秀吉著實是個治國的奇才，統一天下後建大阪，興水利，開荒地，修農桑，改行政，特別是秀吉早年給一幫商人跑過腿，對商人很有好感，在國君中也要算個極其少見的商業奇才，日本的商業流通更是被他搞得非常繁榮（秀吉說過一句名言「土地歸大名，財富歸我」）。總之秀吉僅用了十多年的時間就把歷經百年戰亂的日本管理得井井有條，結果他覺得自己太有才了，管理日本這等小地方實在太委屈，必須要到朝鮮甚至是中國那樣的大地方才能充分施展自己的才幹，於是豐臣秀吉便發動了侵朝戰爭。

秀吉其實很早就萌發了想當亞洲霸主的思想。在他跟隨織田信長西征時，看到來自中國和朝鮮的豐富產品，非常羨慕。那時，西洋葡

萄牙人已來到日本經商，耶穌會傳教士也到日本觀見天皇，使秀吉誤認為日本已強盛無比，也應讓亞洲各國前來朝聖獻貢。為此，他還專門去信印度和菲律賓等國，敦促它們向日本納貢。他還向臺灣派去使節，自稱「紅太陽」下凡，要求歸附。

1592 年 4 月，豐臣秀吉第一次侵略朝鮮。調動大軍 306250 人，以陸軍 158700 人分 9 個軍團，以小早川隆景、毛利輝元等老將壓陣，帶領日本戰國時代大批後起青年名將小西行長、加藤清正、福島正則、黑田長政等作為指揮骨幹，殺氣騰騰地橫渡朝鮮海峽殺入朝鮮。豐臣秀吉很明顯有在侵朝之戰中鍛煉軍隊的想法，日本青年名將幾乎全部參加侵朝戰爭，而德川家康、前田利家、上杉景勝、蒲生氏鄉、伊達正宗等戰國老將則率 105000 人集結在肥前名古屋，準備作為侵朝軍預備隊。

而當時朝鮮承平日久，「人不知兵二百餘年」，八道武備廢弛，全國 300 多郡縣沒有設防，國防早已澈底靡爛，結果在日軍百年內戰錘煉出的精兵猛將一擊之下，朝鮮山河大地頓時一片焦土。日軍登陸不出 20 天，朝鮮漢城被占；6 月，平壤陷落；7 月，朝鮮兩位王子被俘，國王出走，三千里江山淪陷一大半。日軍沿途燒掠，無惡不作，僅晉州一地就有 6 萬餘人死於屠刀之下。

得意忘形的豐臣秀吉，擴張野心急劇膨脹，為自己謀劃了更「美好」的前程。這時，猢猻甚至認為自己的能力管理日本朝鮮和中國都屈才了，似乎很想挑戰一下連釋迦牟尼佛祖都沒教育好的印度賤民和種姓問題。他給家中寫信，稱自己將乘船過海，到大明的寧波府居留，因為那裡離印度近！

秀吉這時已經在撥著印度的算盤了，中國那就更不在話下了，他

叫其子豐臣秀次第二年初攻北京，佔領北京周圍百縣，並在 1594 年遷都北京，讓天皇住到那裡。這個計畫真要實現了，秀吉攻入印度之前，肯定會宣佈中國人的祖宗不是伏羲女媧和軒轅皇帝，而是伊邪那歧命伊邪那美命和神武天皇了。

但是秀吉沒有想到的情況出現了，朝鮮挨打了怎麼辦？

地球人都知道的，找中國做幫手救命唄！

秀吉侵朝前，大概中國古書看多了，居然想搞假道滅虢，通知朝鮮李朝：借道朝鮮，攻打中國，結果朝鮮政府當即拒絕：「中朝待我，同內朝。赴告必先，患難相救……夫黨偏詖反側之謂，豈舍君父而投鄰國乎？」一句話，中國對我們朝鮮，感情真誠得就沒把我們朝鮮當異國看，跟你們倭寇混，沒門！這話說得實在太動情了，於是嘩啦嘩啦從中朝邊境傳來驚天動地一片馬蹄子聲，中國援朝軍、遼東鐵騎在名將李如松統帥下平倭來了，於是日朝之戰就幾乎變成了中日之戰。

這場斷斷續續、打打談談的戰爭持續了 7 年之久，朝鮮方面稱這次戰爭為「壬辰倭亂一丁酉再亂」，日本稱為「文祿一慶長」之役，中國稱為「朝鮮之役」，與當時的寧夏之役、播州之役合稱為「萬曆三大征」。

戰爭的結果是日本侵略軍被趕回了本土四島，朝鮮軍隊最大的亮點是打出了一個同英國納爾遜一樣的海軍名將李舜臣，李舜臣在整個戰爭中憑自己發明的先進海戰兵器龜船，帶領朝鮮水軍牢牢掌握了制海權，將大批日本精兵猛將溺斃在航渡過程中，連豐臣秀吉都讚歎：「朝鮮人水戰大異陸戰，且戰船大而行速，樓牌堅厚，銃丸俱不能入。我船遇之，盡被撞破。」

如果不是李舜臣縱橫海峽，日本軍肯定會把德川家康、上杉景

勝、前田利家等老將輸送到朝鮮戰場奠定勝局，就是因為李舜臣的英勇戰鬥，才使秀吉無論如何不敢下讓德川家康、前田利家這些名將率部過海參戰的決心，這些日本軍的元勳也是豐臣家的支柱，他們要丟在大海餵了魚，秀吉無論如何也無法向諸大名交待，豐臣家的統治體系也要澈底完蛋，所以日本軍戰局最順利打到平壤時，由於李舜臣率朝鮮水軍奮勇出擊，秀吉還是不敢下家康、利家過海增援前線的命令。

這場戰爭結束時，中朝兩國聯合艦隊聯手截擊了日軍撤退艦隊，打了在一場世界海戰史上都很有名的「露梁大海戰」，一戰擊沉焚毀 450 多艘日本戰船，數以萬計的日軍溺死海中，日軍第五軍主力幾近全軍覆沒，而李舜臣和中國 70 多歲的援朝海軍老將鄧子龍都像納爾遜一樣，在扭轉國運的最後一場大海戰中殉國，李舜臣就此成為朝鮮最偉大的民族英雄，在朝鮮民族的歷史上，李舜臣和中國的岳飛、關羽兩位名將地位一樣。

李舜臣死得很壯烈，也很值得，露梁一戰換來了朝鮮 200 年的和平。

萬曆二十七年（1599 年）四月，征倭總兵麻貴率軍凱旋歸來，明神宗在午門接見了他。在搞完大大小小不厭其煩的程式儀式後，明神宗下旨，當眾宣讀大明詔書，通傳天下，宣告平倭援朝之役就此結束。

在中國政府這份宣告戰爭勝利的大詔裡有這樣一句話：「義武奮揚，跳樑者，雖強必戮」！

這就叫大國氣派！

歷史上的英國維多利亞女王，法國拿破崙，俄國彼得大帝、葉卡捷琳娜二世，甚至德國俾斯麥都有這種真正的大國氣派，但不要說日本一直都沒學會這種大國氣派，連當今的世界超強美國，由於崛起太

速太順、在大國氣質的沉澱上也遠遠沒有英、法、俄、中這種老牌大國的真正內涵，只有和當年的蒙古人一樣的暴發戶超強的暴戾霸氣而已！而事實上，美國很多軍政領導人和思想家、學者都是非常崇拜成吉思汗的。

這次戰爭真正傷害最大的，還是發動戰爭的侵略者豐臣秀吉本人，侵朝戰爭的失敗使滿腔雄心的秀吉憂憤不已，他的侵朝政策本來就有許多大名偷偷反對（名將蒲生氏鄉就躲在家裡罵「猢猻發了瘋」），日本百年戰亂，人心思和，只不過秀吉威勢太大，諸大名誰也不敢公開反對出兵朝鮮，戰局不利不說，秀吉自己的嫡系更在朝鮮受創極重，這在當時軍閥割據色彩很濃的日本可真不是一個好兆頭，所以視人生為一場戲劇的秀吉還在撤軍前，就無限惆悵地吟詩一首後撒手而去：

「吾似朝霞降人世，來去匆匆瞬即逝。大阪巍巍氣勢盛，亦如夢中虛幻姿。」

秀吉一死，豐臣家霸氣便黯然而收，他臨死時千叮萬囑的托孤五大老之首，日本的忍者武士之王德川家康便乘機崛起，豐臣家的大名分成東西兩軍互相廝殺，結果關原與大阪兩場火拼之後，德川東軍徹底滅亡了豐臣一族，秀吉的獨子由其母澱姬帶著在火中自焚。秀吉一生英雄，可這個兒子的確是個「生於深宮之內，長於婦人之手」的犬子，據說自殺時都是女人幫他動的手。秀吉發動侵朝戰爭對他自己家庭的惡果報應至此徹底顯現，豐臣一姓有如日本國櫻，怒放一場後就此絕滅。所以日本有句名諺：織田和麵，豐臣做餅，德川享其成。

德川家康一生歷經千百戰，是信長、秀吉之後日本最傑出的武士，但他在逼死豐臣後嫡這件事上幹得極為絕情極不厚道，因此很長

一段時間，這位日本老狐狸一直受到日本人的腹誹，但以當時日本天下大勢來說，豐臣家孤兒寡母，懦弱無能，主弱臣強，家康在時還能維持局面，家康一死，誰都不敢保證那些最愛在刀頭舔血的大名不會再把日本拖入新的戰國亂世，所以家康當仁不讓，澈底一統日本，重建幕府，讓日本人民過上了 200 年的太平歲月。倒也不愧為英雄所為。

豐臣秀吉在中華世界面前碰到頭破血流，族滅國亡，殘酷的事實，教育了德川家康：與其和中華世界唱對臺戲，不如重新加入中華世界，從中撈取實惠。出於這種功利的考慮，家康把恢復同明朝的關係，作為外交上的中心課題。他在給明朝皇帝的信中表達了復交的希望。並吹噓日本已非昔日之日本，「其教化所及之處，朝鮮入貢，琉球稱臣，安南、交趾、占城（越南）、暹羅（泰國）、呂宋（菲律賓）、西洋、柬埔寨等蠻夷之君長酋師，無不分別上書輸貢」，儼然建立了一個與中華世界抗衡的日本世界。

以當時東亞國際局勢而言，家康的吹噓只會讓明朝君臣捧腹大笑而已，他說的這些國家，統統在給中國上貢！再說明朝對倭寇和侵朝日軍記憶猶新，牙癢之餘，沒有同意恢復邦交。

當時中國正面臨西方的初步衝擊，日本同樣也面臨著這個問題，西方那些吃風飲浪的老船長，駕著縱帆船就像嗨昏了頭，沒哪兒不敢去的！而日本國土狹窄，受到西方的衝擊後，感到的震盪比地域遼闊的中國更大，尤其是天主教的廣泛傳播，更是動搖了日本人民的傳統信仰基礎，這讓剛剛開幕、急切希望維護統治穩定的家康憂慮不已。怎麼辦呢？我們看到日本的幕府將軍德川家康和中國的康熙萬歲爺採取了一模一樣的做法──「封閉鎖國」！

實際上，全世界所有的封建統治者在愚民統治這一點上都像開過

秘密會議一樣達成了空前一致，真是天下烏鴉一般黑啊！

　　1543 年，葡萄牙人乘船來到日本九州南邊的種子島，西班牙人尾隨其後。他們在商教一體的方針下，進行貿易和傳教活動。貿易獲得了巨額利潤，傳教也效果顯著，從乞丐到大名，信天主教者甚多，以致有人將當時稱之為日本的天主教時代。

　　天主教的盛行，引起日本統治者的警惕和擔憂。豐臣秀吉認為日本是「神國」，天主教乃「邪法」，神聖之地怎能讓邪法玷污？他宣佈禁教，限令所有天主教傳教士在 20 天內歸國。

　　但在具體執行禁教令時，雷聲大雨點小。傳教士賴著不走，問題便拖到了德川時代。家康繼續實行禁教，不同的是，他獎勵貿易，一時對外貿易異常活躍。他企圖修復同朝鮮、中國的關係，同東南亞國家積極開展邦交活動，與英國、西班牙、荷蘭也有貿易往來。日本去海外的人增多，在東南亞一些國家出現了擁有數百人甚至數千人的日本人街。

　　但好景不長。德川幕府很快實行了鎖國令，使繁榮的對外貿易灰飛煙滅。

　　獎勵對外貿易本是為了增加幕府的財力，但被西南大名鑽了政策的空子。他們近水樓臺先得月，利用地利之便，通過對外貿易增強了自己對抗幕府的力量。從西方國家輸進的洋槍洋炮，壯大了西南大名的軍事實力。尾大不掉，構成了對中央政府的潛在威脅。雖然幕府沒收了大名 500 石以上的大船，建立了專賣制度，但家康意識到，這並非治本之策。

　　西方天主教傳教士企圖通過傳教，把日本人變成任其擺佈的溫馴羔羊。令他們始料不及的是，天主教教義中的上帝創世、上帝面前人

人平等的思想，對日本民眾有極大的吸引力。老百姓一旦被這些思想武裝，就會要求和家康將軍和大名一樣平等了，所以幕府深為此憂。

而且幕藩領主的寄生生活，是靠剝削農民來維持的。由於商品經濟的發展和侵蝕，農民發生分化，一部分農民失去了土地，幕藩領主的財政收入銳減。切斷國內商品經濟與世界市場的聯繫，可以使小農經濟免受衝擊。所以德川幕府決定鎖國！

日本鎖國有獨特的地理條件。它是一個四周海洋環繞的島國。浩瀚的大海，是天然的鎖國屏障。當時西方的航海技術和軍事技術還難以越過這道屏障，日本無「襲來之虞」。

鎖國令由一系列法令組成。它先從禁教開始，最後形成了一張涉及各方面的嚴密的法網。

說句實話，全世界的專制政府治國能力多少都有點問題，但是幹起這個來，一個比一個天才！

1612 年，德川家康宣佈禁止在直轄領地內進行天主教傳教活動。次年，他又下令在全國範圍內禁止天主教。但天主教傳教士以為幕府只是說說而已，因而故技重演，賴著不走。傻教士們不知道，這回幕府可動真格的了。1616 年，幕府重申禁教令：澈底根除天主教信教，違令者嚴懲不貸。從 1614 年至 1635 年，因拒絕改宗而被屠殺的天主教徒達 28 萬之多！

嚴刑殺戮終於遏制了天主教在日本蔓延的勢頭。

從 1633 年 2 月至 1639 年 7 月，幕府連續五次頒佈「鎖國令」，從單純的禁教發展到全面的鎖國。1633 年的鎖國令規定，禁止日本船隻出海貿易，如有偷渡者，處以死刑；已在國外定居的日本人，不許回來。1635 年的法令更嚴厲：嚴禁日本人和日本船隻出國，在海外的

日本人一律不許回國，違者應處死。1638 年下令，號召全國檢舉潛伏的天主教神父和信徒，使天主教在日本無立身之地。1639 年 7 月，幕府頒佈了最後一道鎖國令，禁止葡萄牙船隻前來貿易。在這之前，西班牙和英國與日本的貿易就斷絕了。對已在日本的歐洲人，幕府採取別出心裁的隔離措施，不讓他們與日本人接觸。幕府在長崎填海建立了一個 4 萬多平方公尺的人工島，取名為出島。1636 年在日本的葡萄牙人被遷往此地，後來幕府又將他們趕往中國的澳門。1641 年在日本的荷蘭人成了這塊「飛地」的新住戶。至此，鎖國完成。日本人不許出國，歐洲人不得入境。日本人完全與世隔絕，似乎生活在另一個星球上。

閉關自守，成了江戶時代的一個重要特徵。

也有國家被幕府另眼相看，它們是荷蘭和中國。荷蘭雖是歐洲國家，但其表現與葡萄牙等國不同。深得幕府歡心，荷蘭發誓不在日本傳教，還支持幕府鎮壓農民起義。中國是經濟強國，保持與中國的貿易往來對日本只有好處。儘管與荷蘭、中國的貿易不在禁止之列，但並非自由自在，也有嚴格的限制。荷蘭的商館被遷往出島，荷蘭商人不能隨便外出，只能與指定的日本官員打交道，還得忍受種種屈辱。他們只得循規蹈矩，一門心思賺錢。中國商人的貿易活動僅限於長崎一地，他們在長崎的住所，四周圍有竹柵，出入被嚴加管理。

幕府對鎖國令的期望值很高，把它當做抵禦外侮、維持封建統治的雙刃劍。鎖國令在一定時期內的效果確實讓幕府心滿意足。民族危機的來臨被推遲了，相對和平的局面出現了。但閉關自守畢竟與國際潮流格格不入，必將遺害無窮。日本和中國一樣要吃封閉保守的苦頭。

鎖國令下的日本，成了名副其實的孤島。由於它與外界聯繫的途

徑被切斷，先進的科學技術和文化知識無法輸入，而不斷接收新的資訊是一個民族發展的必要條件。囿於封閉系統內的日本民族，閉目塞聽，逐漸形成了一種盲目排外、安於現狀的性格，嚴重阻礙了民族活力的發展。因此，鎖國令是日本人民的悲哀，德川家康也為此被近代日本人民痛罵不已。日本人在明治維新時對家康的態度，就像中國共產黨五四打倒孔家店、文革打倒孔老二時對孔夫子的態度一樣。不過現在日本人民又想起了家康的好處，就像中國大陸又想起了孔老夫子的好處一樣，由於又用得著了，所以中日兩國人民又都在對自己曾經非常不恭的前輩盡情大肆吹捧，中日兩國人民現在吹捧兩位的書籍和文章，多得夫子和將軍在天堂都永遠看不完。

日本民族有個優點：非常善於在學習別國優秀文化基礎上進行富於本民族特色的創新。於是，中國親切隨和的茶藝變成了日本莊嚴寧靜的茶道，中國的佛前供花變成了日本享譽世界的插花藝術，中國搞得實在不算太好的盆景變成了日本真正在世界上發揚光大的盆栽藝術，中國的地方戲曲變成了日本的能劇，中國的唐刀變成了日本武士刀，中國的風景畫變成了日本的浮士繪，中國賣藝不賣身的名妓變成了日本拿把扇子搖曳生姿哼哼唧唧就是不肯上床的藝伎。

一句話，日本終於在這 200 年寧靜的江戶時代，澈底完成了對中國傳統文化的消化吸收，並做了富有日本特色的發揚光大。總的來說，在日本傳自中國的儒學基礎上，日本有了自己的國學。有了自己的國學後，日本的國學家們對中國就開始不大看得上眼了。

1675 年，提出「日本主義」的山鹿素行談到日本人羨慕中華文化的原因。山鹿先生先痛批了一番日本人的劣根性——日本人日夜不輟讀中國書籍，故不知不覺以中國為標準；日本是小國，以為萬事萬物

均不及中國，中國的月亮比日本的圓，聖人只能出自中國。

　　然後山鹿先生非常憤慨地認為，實際上，中日相比較，只有日本才配稱「中國之地」。為什麼呢？因為中國自開天闢地迄大明，政局動盪，天下易姓；而日本皇位「正統相繼，未曾易姓」！

　　拍天皇和幕府將軍的馬屁倒也罷了，山鹿先生還認為「本朝當天之正道，得地之中樞，正對南面之位，背北陰之險。上西下東，前擁數州，有河海之利；後據絕壁，瀕臨大洋，每州皆可漕運，故四海雖廣，猶如一家，萬國之化育同於天地之正位，終無長城之勞，亦無戎狄襲擾之虞。更何況鳥獸之美，林木之材，布縷之巧……無不畢備。稱歟讚美為聖神，豈虛言哉。」

　　山鹿如不為夜郎，世之無夜郎也。

　　還有比山鹿夜郎走得更遠的，18 世紀出現的一批日本國學家就是如此。他們認為，自從中世紀以來日本人的人生受到中華文化的很大歪曲。現在要通過批判中華文化，闡明真實的人生。中華文化中的「唐心」是虛偽的，束縛了人性。他們研究日本古典文獻學的過程中，發現了與「唐心」對立的「大和心」，「大和心」才是活生生的真實的思想感情。

　　那麼，日本國學家們從日本的古典文獻裡挖出來的「大和心」到底是個什麼東東？說到底其實也就是西方的「人本主義」和「人性論」而已，中國古代的先賢倒也沒有日本人想的那麼傻，「民為貴，君為輕，社稷次之」之類的中國古代人文思想多了去了，或許日本從中國搬回去的典籍還是太少。

　　其實遠勝「唐心」的「大和心」倒也算不了什麼，真正厲害的是集國學之大成的本居宣戰，對中華文化的批判比山鹿更尖銳。山鹿的

日本主義畢竟是以儒學為基礎的，而本居宣戰的日本主義是反儒學的，因而是純粹的日本主義。他說儒者心目中，無其他國家能超過唐土，推崇其王為天子，視如天地自然之理，此最之不可理解。做文化比較批判倒也沒什麼，當時在日本搞文科的，還不就靠這個混德川將軍和大名一口飯吃？

但是呢，「中華世界，虛偽狡詐，是霸道的產物，中國人殺婦人嬰兒啖之，市上賣人肉，政治不修明，學習中國，甚謬」。日本「猶如春日明淨，山野花草繁茂，萬事漸復於古，成為誠足慶倖日益繁榮之時代，遙遠各國皆來進貢」，連中國商人也慕名而來。

這樣自誇就有點過分了。

我們只好說，這位本居先生可真是數典忘祖的典範了，中國人念「人之初，性本善」的時候，恐怕日本人才在吃人肉咧（後來日本兵一直到二戰還在偷偷甚至是公開吃戰俘人肉咧，連小布希總統的爸爸老布希總統都差點給父島日本兵啃了呢）。其實當時的日本很多國學家，包括這位本居先生，要擱在二戰德國呢？肯定是納粹党衛軍的骨幹，要擱在現在呢？就是日本的極右，要碰到東條英機呢？那還有啥說的，弄不好就是陪著東條一起在繩子上晃悠的戰犯！說到底，也就是些日本民粹分子罷了。

所以我們研究歷史的脈絡，看到日本這位在唐朝極度尊崇中國，什麼都從中國搬回去的好學生，發展到清朝認為「學習中國，甚謬」。我們只好說，人必自侮而後人侮之，中國子孫的本事比不上祖宗，結果連祖宗的學生也瞧不起這些無能的不孝子孫了。

相對於日本來說，在宋代極高的文化與經濟繁榮後，經過蒙元的血腥統治和種族歧視，明朝黑暗嚴密的特務統治，滿清極其嚴密的思

海魂

從鄭和的大航海時代到東瀛崛起

想禁錮和對知識份子殘酷的文字獄迫害後,中華文明的確失去了以漢唐時代為代表的偉大創造力和活力,中國封建王朝腐敗墮落,暮氣日濃,文化和科技一潭死水,八股惡臭,科技生產力甚至比前朝更加倒退,而且還要自高自大,真是令人厭惡。所以到了晚清,日本的知識份子和學術界批判中華文化的潮流已經蔚然成風。和馬戞爾尼勳爵對中國的感覺差不多吧,其實這時在日本真正代表了未來方向和先進思潮的,並不是民族自大主義的日本國學,倒是在日本受到壓制卻真正屬於日本自己的獨門秘技——「蘭學」。

我們已經知道,荷蘭在日本有十分特殊的地位,荷蘭人居住的出島,是日本人瞭解西方的惟一視窗,就跟明清時的中國澳門一樣,所以德川鎖國令惟一對荷蘭網開一面,荷蘭的醫學、外科、天文學、兵學、航海等書籍都不在幕府禁止之列。於是,這些通過荷蘭語介紹過來的西方近代科技文化便被日本稱為「蘭學」。德川第八代將軍吉宗的政治顧問新井白石、天文學家青木昆陽都是蘭學的佼佼者,1715年,日本蘭學先驅新井白石寫了記敘西方情況的《西洋紀聞》,包括《荷蘭紀事》和《荷蘭考》。青木昆陽撰寫了《荷蘭文字略考》、《荷蘭語譯》等著作,成為日本人學習荷蘭語的入門書。青木昆陽的學生前野良澤等七人,青出於藍而勝於藍,1774年從荷蘭文譯出德國學者的《解剖學新書》(四卷)。這是第一部大型的蘭學譯著,開有計劃、有組織研究蘭學之先河。這是日本蘭學研究里程碑似的事件。以此為界標,蘭學似「滴油水而佈滿全池」,從醫學發展到了各門自然科學;從長崎、江戶、京都、大阪擴展到全國,從政治家、知識份子到下級武士。一時蘭學名家燦若群星,蘭學一派繁榮景象。

其他領域也碩果壓枝。蘭學家從荷蘭語翻譯了法國學者的《經濟

辭書》，名為《原生新編》，共 70 冊，這是日本明治維新前最浩大的一項翻譯工程，對西方經濟學的傳播功德無量。他們還譯介了哥白尼、牛頓、拉瓦錫等人的學說。據統計，從 1744 年至 1852 年，譯介西學的人共 117 人，譯著約 500 部。

德國著名學者、「日本的利瑪竇」西博爾德在培養人才方面，超群拔俗。他是百科全書式的人物，對醫學、動物學、植物學、人類學、政治學無不知曉。1823 年他以荷蘭商館副醫官的身份，來到長崎，在郊外的鳴瀧開辦學校。該校成了蘭學的研究中心和人才培養基地。西博爾德培養了一批優秀的蘭學家，如高野長英等。

蘭學研究的思想、理論跳出了和歐洲中世紀滿清文字獄一樣的思想牢籠，讓日本人耳目一新，但對封建的藩幕體制來說，無異於一顆可能毀滅自己統治的定時炸彈，幕府認為蘭家「為好奇之謀，或生惡果」，從 18 世紀末開始鎮壓蘭學。在越來越嚴重的學術迫害氣氛中，炸藥包終於被一次偶然事件點燃了。於是幕府以「西博爾德事件」為藉口開始壓制蘭學。

1828 年西博爾德準備回國，幕府官吏在他的行李中查出有幕府天文官高橋景保贈送的日本地圖，和幕醫土生玄碩贈送的德川家族家徽葵紋服。這些都是被禁止帶出國的。西博爾德當即被逮捕，並於次年被驅逐出境，高橋被捕後死於獄中。幕府對他十分憤恨，對其屍體宣佈死刑判決。西博爾德的學生和朋友受株連，幾十名著名的蘭學家被迫害。

此次事件後，幕府開始大規模鎮壓蘭學。1840 年，幕府通告禁止賣藥的招牌使用蘭字，翻譯的蘭學書籍未經官方許可不得出版。但是，日本蘭學的思想先驅們已經為日本悄悄播撒下了迎接大規模對外

開放和明治維新的文化種子，以英語、法語為媒介的洋學將在蘭學的基礎上爆炸性興起。

蘭學滲入日本之前，日本人對西方的認識和滿清君臣沒有任何區別，林則徐認為印度兵沒有腿肚子，美國人膝蓋不會拐彎，日本人則認為「荷蘭人短命，沒有腳跟」。蘭學在日本的短暫傳播，則使日本的一部分先進知識份子對西方文明有了全新的認識。

1840 年，鴉片戰爭開始，大英帝國摧枯拉朽一般擊垮了東亞 2000 年的老大，此事對靠中國文化起步的日本震撼可想而知。日本很多人已經意識到了，西方諸強將會迫使日本開國，就在 1844 年，與日本一直有著特殊貿易關係的荷蘭，派海軍上校科普斯帶給幕府一封荷蘭國王威廉二世的絕密親筆信件，警告日本即將面臨與中國同樣的災難。幕府的反應卻是書面告知荷蘭商館，以後再有這種信件不拆，直接將其退回，和鴉片戰爭前滿清君臣的反應一模一樣！而這一年，被打傻了嚇傻了的中國知識份子中，已經有先驅者魏源撰寫的《海國圖志》在中國出版。以後此書流入日本，一度成為日本追求海外知識的幕府末期志士的必讀之物。

但是東亞老大的中國想鎖國都沒鎖住，日本又怎麼可能自我陶醉在富士山下的櫻花樹裡過小日子？

西方的堅船利炮沒有放過中國，當然也不會放過與中國一衣帶水的日本。

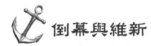 倒幕與維新

1853 年 7 月 8 日，美國海軍蒸汽船之父，佩里准將率兩艘巡洋

艦，兩艘護衛艦闖進日本江戶灣浦賀，其中旗艦密西西比號巡洋艦噸位高達 3200 噸！為了增加對日本的威懾效果，佩里將 4 艘軍艦全部塗成陰森森的黑色，只要在帆上再畫上撒旦，那簡直就像地獄裡駛出的魔鬼船了。

　　日本人果然被這些從未見過的黑色巨艦嚇傻了。佩里記錄了當時浦賀港的防禦情況：「小艇駛近海岸時，就清楚地望見了各處炮臺的情況，但並不怎麼可怕，單單從它的結構就可以明顯地看出，它既沒有多大威力，也沒有什麼技術，……當時日本士兵擺出威風凜凜的架式，武裝看起來也很整齊，但並沒像要堅決進行抵抗。因為小艇剛靠攏陸地，他們都退到牆壁後面去了。」何止士兵害怕了。美國「黑船」的到來，就像哥斯拉闖進了紐約，日本頓時人心惶惶，謠言四起，越傳越玄。4 艘船、500 美國兵，到江戶就變成 10 艘船，5000 美國兵把德川家的大名們統統當點心吃了！到京都就有 100 艘船，10 萬兵佔領江戶把將軍大人逮住下油鍋了！那咱日本天皇哪去了？聽說被美國人抓去當總統了！

　　一個封閉太久的國度，遇到突如其來的強勢文明的衝擊，第一反應都這樣。總之還未交手，日本在心理上就敗下陣來。

　　下午 5 時，艦隊在浦賀海上拋了錨。浦賀當局派人問明來意後，按例要求美國艦隊開往長崎。真是不知天高地厚！日本要美國軍艦停哪兒，美國軍艦就得停哪兒？日本到現在都做不到咧！所以趾高氣揚的佩里根本不予理睬，以開戰相威脅。浦賀當局只得請示幕府。此時的幕府已被黑船攪得驚惶失措，貴族家的後代一般來說差不多都同樣飯桶。德川家的將軍鍛煉太少，也拿不出什麼好主意，於是幕府急忙召開通宵會議，商討對策。會議決定暫時屈服，以圖後事，並派全權

代表戶田氏榮、井戶弘道趕往浦賀，領受美國國書。

7月14日，在久里濱（橫須賀市）臨時搭建的接待所裡，佩里與日本代表舉行了簡短的交接國書儀式。日本接受了國書，表明美國衝破了其鎖國的祖法，所以井戶弘道當時有些氣憤，話裡藏針：「此次背國法受領國書，但不能開任何會議，請先退去！」但是美國人哪有中國人的含蓄啊，一句客套都沒有滴，弘道話音剛落，佩里馬上就露出了侵略者的獠牙：「2、3日內，會離開日本，但明年4、5月還要再來」，而且「恐怕要率更多軍艦前來」！

7月17日，佩里扔下明年春天再來聽取答覆的狠話，心滿意足地率艦隊離開了江灣。佩里走了，幕府總算鬆了一口氣，但「黑船」帶來的衝擊波並沒有消失。美國人走了，但是這些不知哪裡突然躥出來的「八嘎」留下的一大堆難題，卻使幕府大傷腦筋。將軍只好徵詢天皇和各地大名的意見，但是誰也提不出可行的對策。這邊日本政府焦頭爛額，那邊美國白宮迫不及待。佩里不顧嚴冬天寒，提前於1854年2月23日率艦隊再次駛進日本，老先生實在是等不及了，這次他帶了7艘艦船，艦隊的威力顯然更大。

在佩里武力威脅下，幕府同意在神奈川（今橫濱）進行談判。談判從3月8日開始，日方遞交了將軍對美國總統函件的答覆：對於總統提出的要求，「如完全接受，則為我國祖宗之法所嚴禁，今實難以應允」。在美國提出的友好、通商、供應煤炭和糧食、保護遇險船隻4項要求中，將軍只把後兩項要求作為「不得已之事」，予以同意，對前兩項未作答覆。佩里覺得友好通商對美國還不是當務之急，就讓了步。

7月31日雙方簽訂了《日美親善條約》（又叫《日美神奈川條約》），這是近代日本同外國簽訂的第一個國際條約。條約有正文12

條，附錄 13 條。它規定，日本供給美國船隻必要的燃料、食物；開放下田（今靜岡縣）、箱館（今北海道的函館）2 個港口，允許美國設駐領事，給美國以最惠國待遇。

這樣，日本長達 200 年的鎖國大門被美國叩開了。

《日美親善條約》的簽訂，就像中英南京條約簽訂之後，各路強盜頓時如決堤之水滔滔而來，英、法、俄、荷也相繼而入，按著將軍的腦袋如法炮製了所謂的親善條約，日本只好愁眉苦臉地結束了閉關自守的時代。

根據這些不平等條約，在日本的所有外國人享有治外法權，胡作非為之徒不受日本的法律制裁，使日本民族蒙受種種恥辱。正如日本啟蒙思想家所說：「試看今日都下之情景，騎馬乘車、趾高氣揚，令人回避者，多是洋外之人。偶有巡邏、行人抑或馭者車夫，與之發生口角，洋人則旁若無人手打腳踢。而（我國）恃懦卑屈之人民竟無還手之力。洋人即使為非作歹，但忍氣吞聲不去訴訟者也不在少數。或者有因商賣交易等事前往五港之地起訴者，其結局由彼國人裁判而定，實不能伸冤。由是人人相告，與其訴而重冤，莫如忍氣吞聲為易。其狀恰如弱小之新婦在老悍之姑婆身邊一樣。」當時日本受西方列強欺淩之慘，其實和以後「華人與狗不得入內」的中國租界也沒什麼區別。

其實和當時的東亞病夫中國一樣，日本也是西方人眼裡的東洋病夫。不平等條約中的種種特權，猶如一道道套在日本身上的繩索，把日本拉進了半殖民地的泥淖。日本社會這一巨變，黑船來航開其端，幕府實在覺得太晦氣了，想像中國皇帝一樣換個年號衝衝喜，於是在 1855 年幕府把年號從嘉永改為安政，結果日本刁民揶揄道：「如果把『安政』倒過來讀，就成了『依然』，而剩下的一個字還是『美利

堅』。」（日語讀音）

佩里轟開了日本的國門，功勞實在太大，美國海軍真的覺得過意不去，以後用他的名字，命名了一級護衛艦，這是美國海軍二戰後造得最多的一級護衛艦。到 2010 年年初還有 30 艘佩里級在美國海軍服役。

現在，大名鼎鼎的「武士道」精神就要登場了，面對和中國同樣淪為西方殖民地的危機，日本的武士們是怎麼幹的呢？講兩個日本武士的故事。

第一個故事：

佩里艦隊第二次來到日本後，停泊在下田的「密西西比號」軍艦上的軍官被艦外的聲音驚醒，發現兩個男人從懸梯登上了甲板，這兩個日本人打著手勢，要求允許他們乘船。軍官將這兩個人帶到佩里面前。這兩人告訴佩里，他們想隨艦隊到美國去，周遊世界，增長見識。佩里告訴他們：「必須有日本政府的許可，才能滿足你們去美國的要求。你們去搞許可吧，還有時間嘛！」無論兩人如何求佩里，佩里終究沒有答應。這兩名偷渡者回去以後，被其所在藩判處監禁。

這兩位偷渡者是只有 20 幾歲的吉田寅次郎和澀木松太郎。

吉田寅次郎就是後來著名的吉田松陰——日本近代思想家、明治維新的先驅。

在吉田松陰第一次看見佩里黑船到來的時候，他還主張鎖國攘夷，不久他就轉變為開國攘夷論者。他強烈主張尊王是振興國家的大義，要求他的門生「明皇道而建國體」，輔助天皇振興國家。主張建立以天皇為元首的一君萬民制。為轉移民族壓迫，他主張通過割取朝鮮、中國的領土彌補日本從歐美那裡的損失，主張失之西洋，補之東

洋，積蓄國力，稱霸東北亞。後來他主持了松下學塾，提倡學以致用，大唱尊王攘夷的經世之道。他的學塾後來彙聚了長洲的有為青年，成為培養倒幕維新人才的大學校。這個敢偷渡遊世界的傢伙是個搞革命的煽動天才，在他的門下，出現了許多倒幕維新的風雲人物，如高杉晉作、久阪玄瑞、木戶孝允、伊藤博文、山縣有朋、井上馨等，在後來明治政府的論功行賞功勞簿中，37 名松下學塾的學生獲得各級爵位或被追贈官位。而吉田松陰的不少政治主張，由他的學生逐步實現。

第二個故事：

德川末期，因黑船騷動而動盪的日本，發生過好幾起牽涉到西洋人的事件，其中有個「堺事件」。停泊在大阪的法國軍艦水兵，在堺的路上與士佐藩的武士口角，士佐藩武士憤然拔刀，寒光閃過，13 名法國水兵重創倒地。法艦立刻要求「以血還血，以牙還牙」，日本必須嚴懲 13 名日本武士，結果日本立刻有 13 名武士要求剖腹。於是日本方面設置了非常漂亮的剖腹座位，並邀請法國代表出席。法國代表團原以為不過是要審判有關的武士，並交給法方而已。結果法國軍官們來到儀式現場後驚呆了，原來這不是審判，而是剖腹的儀式！

在一字排開的士佐藩和幕府官員們面前，13 名日本武士身著白色淨裝，個個毫無懼色，一個接一個開始切腹，法國軍官臉色蒼白，有幾個代表當場嘔吐起來。切到第 4 個武士時，法國代表團再也坐不下去了，當即要求停止。然後逃跑一般退出儀式現場，日本方面立刻命令剖腹停止。於是，事件只好不了了之，此事傳到歐洲以後轟動一時。從此，日語詞彙「剖腹」便在歐美人中固定下來，直到今天。

所以可想而知，面對日本所受西方欺辱，很多自尊心極強的日本

下級武士不幹了，幕府怕洋人是不是？他媽的幹掉你！這時候德川家的武士們忽然想起，咱日本除了有將軍，還有天皇呢！於是做了德川家幾百年玩偶的日本天皇又被一幫下級武士抬起來，他們把尊崇天皇和趕走洋人結合起來，於是德川家的武士竟然搞起了尊王攘夷運動！

開國後，西方人在日本國土上胡作非為，視日本人為草芥，武士們開始動手殺洋人，日本的忍者本來就是國際級的殺手，被忍者盯上，大名都打哆嗦，在自己國家殺幾個洋人算什麼？日本武士更是靠殺人吃飯滴！於是在日本作威作福的洋鬼子們，在江戶神奈紛紛倒地長眠，弄得其他的洋鬼子坐臥不安，一時也不敢過於囂張。為此，英國海軍還和日本薩摩藩幹過一場「薩英戰爭」，把鹿爾島市幾乎夷平。但是此役英軍雖勝卻死傷 60 多人，日本雖然炮臺被悉數轟毀，卻只死傷 9 人！而且戰後薩摩方面還檢討認為受創慘重的原因是英國的新型大炮命中率、射程都遠遠優於薩摩的大炮！

日本武士的戰鬥力和老百姓的備戰意識可見一斑。

洋人都砍了，媽的，砍賣國賊不在話下了，於是 1860 年 3 月 3 日，江戶城外櫻田門外一聲呼哨，18 名壯士吶喊著直衝而出，武士刀寒光閃閃，剎開了 60 名衛士組成的防線，砍下了幕府首席大老井伊直弼的腦袋！

首席大老是什麼意思？德川家康當年就是豐臣秀吉的首席大老！這就是大老的江湖地位！

首席大老都砍了，他媽的幕府將軍也就那麼回事了，砍！

於是在 1868 年 1 月 28 日，5000 名天皇軍武士在鳥羽、伏見和 15000 名幕府武士互相砍了個昏天黑地，3 天血戰之後，日本官府也和中國官府經常幹的事一樣，沒能打過殺紅了眼的強盜，戰鬥結束，末

代幕府將軍德川慶喜大發感慨：「三百年天下，三天失之。」於是慶喜只好身著黑色棉衣，下著小條紋白底褲，足踏麻底鞋，啟程前往流放地水戶隱居。

就這樣，從 1860 年「櫻田門之變」幕府大老井伊直弼倒在血泊裡開始，經過禁門之變、第一次征長戰爭、第二次征長戰爭，直到 1867 年的戊辰戰爭，日本武士用了整整 7 年的時間，用鐵血武士刀砍開了日本現代化大改革的道路。

日本文明史家加藤週一因此總結：「明治維新以前，當時這些下級武士的先進分子有了危機感，雖然不是全部，他們認為不學習是不行了，他們是抱著一種危機感下決心學習的，後來他們推翻了幕府，建立自己的政府，通過政府來實現並推行他們的目標。」

1868 年 11 月 26 日，日本明治天皇「巡幸」到達江戶，改江戶為「東京」，1868 年，日本改年號為明治，9 月 8 日成為明治元年，並確定一世一元制，奠定現代日本基礎，直到今天仍能保持日本世界強國地位的「明治維新」開始了！

1868 年 4 月 6 日，年幼的睦仁天皇率眾公卿諸侯魚貫進入京都紫宸殿，祭祀天地神祇，宣讀施政綱領《五條誓約》：廣興會議，萬機決於公論；上下一心，大展經綸；公卿與武家同心，以至於庶民，須使各遂其志，人心不倦；破歷來之陋心，立基於天地之公道；求知識於世界，大振皇基。

茲欲行我國前所未有之變革，朕當身先率眾誓於天地神明，以大定國是，立保全萬民之道。爾等亦須本斯旨趣齊心致力！

宣讀完畢，眾官表示：誓死服從這五條國是。《五條誓約》是立資本主義民主制、表明近代化方向的宣言書，描繪了未來日本的藍圖。

為把封建落後的日本改變成一個實力可與西方國家相匹敵的現代化國家，實現現代化，首先得有現代化模式作參照，而這唯有西方能提供。向西方學習，去西方取經，成為日本朝野的共識。

日本政府決定派遣由右大臣岩倉具視為特命全權大使，木戶孝允（參議）、大久保利通（大藏卿）、伊藤博文（工部大輔）、山口尚芳（外務少輔）4 人為特命全權副使，組成共有 48 人的龐大使團，隨行還有 59 名華族、士族出身的留學生，出訪美國和歐洲。政府對使團寄予很大希望，太政大臣山條實美在送別辭中表達了這一心願：「外交內治，前途大業，其成與否，在此一舉。」

1871 年 11 月 12 日，一艘英國輪船阿美利亞號從桝澥拉響了汽笛起錨，船上 107 名日本人看著漸漸遠去的祖國山河不禁淚流滿面。

使團編成 3 組，各組有各組的考察專案。第一組研究國家制度、法律理論與實踐，考察辦公廳、議會、法院、會計局的體制及工作情況。第二組研究貿易、鐵路、郵電等公司、工廠的規章制度。第三組研究各國的教育規章和方法。

11 月 23 日，伊藤在三藩市市長舉行的盛大宴會上，用英文發表了著名的《日之丸演說》：「我們國旗中央的紅色圓形（日之丸），將不是以往人們所說的封蓋我帝國的封蠟，將來人們會清楚地懂得其真正的含義：它象徵著值得尊敬的初升太陽。日本必將與世界各文明國度為伍，猶如不斷向上升起的一輪紅日。」

其勃勃雄心，可見一斑。

日本使團先後訪問了美國、英國、法國、比利時、荷蘭、德國、俄國、丹麥、瑞典、義大利、奧地利、瑞士，共計 12 國，歷時 1 年 9 個月，耗資達百萬日元，對西方文明精心調研，大開眼界，學到了許

多新東西。對西方的考察，對日本使團無疑是一次「洗腦」，初見璀璨奪目的西方文明，「始驚、次醉、終狂」，發現西方的經濟、政治風俗無不超越東方。

木戶說：「我國今日的文明不是真正的文明，我國今日的開化不是真正的開化。」日本使團現在的感覺就和當年遣唐使到大唐一樣，覺得自己和 1000 多年前一樣又成了土包子。兩種文明的強烈反差，令使團成員思緒萬千，往往夜不能寐。沉重的思考，更加堅定了他們將西方文明移植到日本的決心。

學習西方，不是盲目模擬西方，而是將新知識、新認識、新資訊加以比較，判斷哪個國家在哪些領域最先進，採擷這些最先進的經驗，與本國的實際結合起來，就能勾畫出最佳的現代化藍圖。

日本使團走遍了英倫三島，參觀了 20 多個重要城市，對英國的經濟發展，深為嘆服，英國與日本皆為島國，英國卻成了「世界工廠」，奧秘何在？使團經過考察，認為發展商業就是「全英國的謀富要領」，日本要走英國工商致富治國的道路。正如大久保利通所說：「要想在這個世界上獨立建國，富國強兵之必要自不待言；而要實行富國強兵，則務必從殖產興業上下手，切實謀求其進步發達。」所以日本使團決定經濟上要學英國。

海軍更不用談了，不學英國海軍還能學誰？

德國成了日本在政治體制上追求的模特。使團認為英、法、美等國的民主政治好則好矣，但不適合文化水準低、盲崇宿弊的日本。他們的理想政體是，介乎於「民主政治」和「君主政治」之間的「君民共治」制。這樣的政體，既凸出了國民的精神權威天皇，又保證了中下級武士出身的新官僚的政治地位。他們按圖索驥，特別留心，終於

發現德國的君主立憲專制政體正是他們苦苦追求的。德國的國情與日本相似，「尤當取者，當以普魯士為第一」。

德國的軍事制度和軍事經驗，對使團格外有吸引力。在考察德國的軍事制度時，使團被德國的重視軍事教育程度所震驚，「國中之男子堪所執兵器者，悉受兵卒之教練，至少服 1 年常備軍役，全國接受軍人之磨煉。」

在克虜伯公司，他們更看到了德國軍事工業的強大，從此致力於學習德國的軍事經驗。特別是完成德國統一的鐵血宰相俾斯麥所傳真經更是讓日本使團醍醐灌頂。俾斯麥對使團直言不諱：「方今世界各國，皆以親睦禮儀交往，然而這都是表面現象，實際上是強弱相淩，大小相侮。」「他們所謂的公法，被他們說成是保全列國權利的準則，但是大國爭奪利益的時候，如果對自己有利，就依據公法，毫不改動；如果對自己不利，馬上訴諸武力，根本沒有堅持公法的事情。」俾斯麥向使團介紹了普魯士強盛的經驗，告訴日本使團，弱小國家要想獨立自主，必須依靠自己的軍事實力，在內治與外交上，應該內治優先，搞好內治才有發言權。

日本人聽到俾斯麥這番帝國主義真經，那不止是向俾斯麥鞠 45 度的大躬，那是非常地想趴在地上磕頭。

至於教育嗎？那當然是美國的最好囉。日本使團在考察中發現，只有發展教育，才能人才輩出，推動經濟的發展。日本的當務之急，莫先於辦學校，抓全民的智力開發。木戶孝允寫道：「如果對後人子弟的行為，不予以格外重視，那麼日本國家的保安是沒有指望的。」在這方面，美國資本主義發展培養了源源不斷的人才，美國教育崇尚實學，重視與民生切實相關之事，這也是日本教育改革必須效法的。日

本使團的確有戰略眼光，日本人重視教育的程度在現代世界上那也是數得著的！

1873 年 9 月，出訪歐美前對現代化茫然無知的日本使團，帶著滿腹的日本現代化藍圖歸國，日本大改革「明治維新」開始了！殖產興業，振興貿易，大力推動資本主義經濟的發展，15 年間，日本將財政總收入的四分之一，合計 2.1 億日元的巨額投資，另外還發行大量國債，集中發展各項產業！民間不敢搞的大專案，政府帶頭搞國家資本主義工業化。

東京炮兵工廠成立了，它生產了誰都知道的「三八式」步槍。

大阪炮兵工廠成立了，它生產了日本第一批法國式山炮。

橫須賀制鐵所成立了，它於 1880 年建造了日本人第一艘自己設計的軍艦磐城號。

石川島造船所成立了，這是一所專門的海軍造船廠。

這四家國營軍工企業在明治初年成了日本國企的中心，它們是現代日本的工業化之母，日本近代化的軍事工業體系由它們開始奠定。

富岡繰絲廠、新町紡織廠、住呢絨廠和紡織廠，四家大型民用企業成立了。富岡繰絲廠建廠便有女工 200 多人，規模和技術水準世界一流，建廠第二年該廠生產的生絲即受西方好評。

在政府的帶動、鼓勵、保護下，私人資本異常活躍，「大阪商人一怒，天下大名皆懼」。日本人的商業傳統和環境本來就遠勝重農主義的中國明清兩朝，現在國家政策鼓勵刺激商業，於是三菱、三井這些到現在都還享譽世界的大型資本主義企業出現了。

在政府主導的殖產興業政策的推動下，日本從 1880 年代中期掀起了工業革命的熱潮，從以紡織業為中心的輕工業開始，工業革命熱潮

席捲一切主要產業部門，日本工廠總量劇增，生產發展迅速。到甲午戰爭前後，僅用了 25 年時間，雖然工業品總量比中國要差一些，但按人均來說，日本已經是亞洲最強大的資本主義工業化國家！

還有農業的現代化，日本從美、法、澳大利亞、奧地利引進 9 個小麥品種，從中國引進葡萄、蘋果、柿子，引進的外國水果蔬菜品種達 370 多種，引進作為仿造樣品的農具達 3 萬件。1876 年美國費城博覽會展出了 5 種日本仿造的美式農具，品質之佳讓美國人大吃一驚，日本人的改良精神再放異彩！

還有農業生產環節的改革，農業試驗場、農業育種場、農具廠、模範牧場紛紛成立，實行採用機器生產的示範活動。1871 在東京駒場野、霞美設立農事試驗場，使用進口農具試行栽培進口作物。

教育和文化思想方面的變革更是驚天動地，日本政府 1871 年就創立了文部省，統轄全國的科技文化教育事業。教育改革中一句口號響徹日本：「邑無不學之戶，家無不學之人！」

日本以法美為榜樣設計教育體制，全國分為 8 大學區，各設大學 1 所，每個大學區分為 32 個中學區；每個中學區設中學 1 所，每個中學區分 210 個小學區，各設小學 1 所。全國共有 8 所大學，256 所中學，53760 小學，平均每 600 個日本人就擁有一所小學。10 所師範學校和東京特設女子師範學校成立了，所有的日本老師都必須進行正規的師範教育才允許進課堂。教堂內容更是煥然一新，著重灌輸西方近代文化思想和傳授科技知識，中學開有算術、地理、外國語、博物、測量學、礦山學、天文學等課程，大學開設理學、文學、法學、醫學等方面的課程，甚至建立了初等、中等、高等三級配套的實業教育網和強大的技術工人培訓教育系統。

因為專案太多，明治政府當時財政困難到了「一金無儲」的地步，可是政府仍然克服一切困難向教育部門進行最大力度的投資，7 年間文部省的開支占日本政府開支的 7％，位列日本政府各項開支第三位！受教育成為日本國民三大義務之一（另兩項是納稅和服兵役），日本政府重視教育的戰略眼光使日本民族受益終生。以後到 1914 年，日本的小學入學率就接近於 100％！直到今天仍然享譽世界的日本產業群體就是這樣培養出來的，稱霸亞洲 50 年；打得亞洲諸國雞飛狗跳的日本兵就是這樣教出來的！

如此巨大規模的體制改革，不可能不觸動一些既得利益集團勢力範圍，怎麼辦呢？

日本人才不照顧權貴和太子黨呢，一切為了國家富強讓路！

這時日本人的蠻勁和武士刀開始發揮作用了，敢反對維新者，砍！

即使是推翻過幕府的大功臣，民族英雄級別的人物同樣照砍不誤！

維新嚴重傷害了把天皇扶上臺的武士階層的利益，為了下層武士的利益，西鄉隆盛在薩摩藩搞起了自己的一套，日本政府沒有任何客氣可講，立刻出動陸海軍 6 萬，由有栖川宮熾仁親王總督帶領討伐西鄉。

1877 年 9 月 30 日，鹿兒島縣令大山綱良拖到刑場被政府軍斬首。持續 8 個月的日本西南戰爭結束，日本政府靠 2 萬個日本人的腦袋結束了這場戰爭，當然也包括西鄉隆盛的腦袋！

這場戰爭日本政府軍戰死者 6278 人，傷者 9523 人，消耗炮彈 73000 多發，槍彈 348 萬發，薩軍死傷 2 萬多人。這些數字充分說明了戰鬥的慘烈。而更慘烈的是，此前與政府軍作戰重傷後，要求部下把自己腦袋砍下來的西鄉隆盛是日本「維新三傑」之一，為日本的倒幕

和維新作出過極其巨大的貢獻，是日本公認的明治維新第一功臣。二戰日本海軍名將山本五十六的親祖父高野秀右衛門貞通和養祖父山本帶刀，就因在壬辰之役中激於義憤參戰而被砍了。明治維新時，日本官府甚至不許山本帶刀的守門復存，直到 1883 年天皇大赦時方赦掉帶刀之罪，帶刀已出嫁長女以戶主之名才重振家勢，山本五十六一生於此事為之不歡。由西鄉隆盛和山本五十六家世的遭遇，我們才能真正理解日本民族的性格和傳統的日本武士道精神、恥感文化，到底是怎麼一回事！

明治維新後，大和民族埋頭苦幹，以日本人特有的踏實、奉獻精神和鬥志，拼命為日本的現代化事業添磚加瓦，現在，收穫的金秋到了！

1894 年 7 月 16 日，經過 3 年的艱苦談判，日本駐英公使青木簽訂了《通商航海條約》（又稱《日英新約》）。這個條約廢除了治外法權，把片面的最惠國條款改為互相對等，修改了一部分稅率。日本摘掉了西方列強套在脖子上近半個世紀的不平等條約的枷鎖。青木一簽完字就從倫敦拍回電報，說該約「使日本一掃 30 年來之侮辱，躍身於國際友誼夥伴之中」。

日本外相陸奧宗光接到電報後，立即齋戒沐浴，進宮覲見天皇，通告喜訊，隨後向青木回電：「天皇陛下嘉許貴公使獲得成功。余代表內閣同仁向貴使致賀。」

消息傳出，日本四島一片歡呼，「天皇萬歲」聲響徹雲霄！日本人民終於以自己的勤奮贏得了和西方列強平起平坐的地位，日本基本上完成了爭取民族獨立的歷史使命，而這時距 1871 年明治維新開始僅僅只有 23 年！

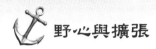 **野心與擴張**

　　就在當年明治天皇下達宣佈明治維新開始的《五條誓約》的同時，同時下達詔書「大振皇基」——「開拓萬里之波濤，布國威於四方」，擴張野心已經溢於言表。

　　早在 1855 年，當德川幕府被迫與美國和俄國簽訂通商條約後，那位希望能乘黑船周遊世界被判刑的日本改革派思想家吉田松陰就曾說過，日本與兩國媾和既成定局，就不能由日方背約。今後應當征服易取的朝鮮、「滿洲」和中國。他具體描繪說，一旦軍艦大炮稍微充實，便可開拓蝦夷，奪取堪察加、鄂霍次克海；曉諭琉球，使之會同朝覲；責難朝鮮，使之納幣進貢；割南滿之地，收臺灣、呂宋諸島，甚至佔領整個中國，君臨印度（松陰的國策說穿了就是欺軟怕硬，吃柿子挑軟的吃而已）。這些主張，廣泛影響了他主持下的松下村塾的弟子們——包括明治維新決定日本國策的高杉晉作、木戶孝允、伊藤博文、山縣有朋等人，於是吉田的侵略主張在明治維新之後，正式成為日本政治家奉行的最高國策。

　　而對日本近現代影響極大的啟蒙思想家福澤諭吉，有「東方伏爾泰」之稱，被尊為所有日本人的老師，他的頭像被印上了日元紙幣。他更是提出了「脫亞論」，主張日本也應該加入列強，富強起來以後像列強一樣對待周邊國家，積極鼓吹侵朝侵華的。他將侵華戰爭定性為「文野戰爭」（文明與野蠻的戰爭），說服國民，引導輿論，讚美日本侵略。他的「脫亞論」實質是「奪亞」思想，是日本侵略中國思想的總結。

　　幕府時代中期以後的思想家沒有一個不主張侵並中國的。明治初

期的開國元老山縣有朋、木戶孝允、伊藤博文、大久保利通都是他們的學生，接受他們的教誨。1868 年明治維新開始，1869 年，「維新三傑」之一的木戶孝允就宣導「征韓論」，明治政府為此向朝鮮派出使者調查侵朝的可行性。使者佐田白茅回國後提出的建議書，從 6 個方面論證了侵略的理由、戰略和利益，其中一條便是侵華。明治政府就此開展了一場「征韓」的辯論，爭論的焦點只在於「急征」還是「緩徵」，而「征服大陸論」是雙方的共識。

　　從明治初年開始，日本侵略擴張的思想、輿論與行動同時並存，急劇膨脹。在面對西方列強入侵的時候，日本是以所謂「富國強兵」的綱領，來擺脫淪為歐美列強殖民地的厄運的。日本的軍事政治和思想文化精英們希望以軍國主義的形式，掠奪鄰近弱小民族，走帝國主義的道路，以侵略朝鮮和中國作為補償，把日本人民要求與列強平等的願望，轉變為掠奪新領土的戰爭。結果它自己也變成了侵略者，並由此喪失了成為亞洲領袖的道義基礎。

　　對外侵略的國策既定，那當然就要擴軍備戰了。日本軍費投入逐年猛增。1885 年，日本的軍費開支為 1500 萬日元，為數已算不少，1892 年竟猛增至 3450 萬日元，占全年財政收入的 41%。1893 年，明治天皇還宣佈從節省宮廷開支入手，以 6 年為期，每年從宮廷經費中撥出 30 萬日元，並且命令國務大臣等百官每人抽出十分之一的薪金，補充造艦之用，以為民間獻金之倡。

　　真是舉國備戰。

　　巨大的軍費投入，自然帶來軍事力量的急劇增長。在德國軍事顧問指導下的日本陸軍，全面推行了義務兵役制，普及了軍事院校教育，建立了完善的現代化參謀部指揮制度，全面實行了訓練、裝備、

戰術和制度的現代化。除各地守備部隊外，日本陸軍編制了近衛師團和第 1 至第 5 共 6 個師團的機動野戰部隊，兵力 123047 人，還有兩倍於此、訓練有素的預備役兵員隨時可以徵召。日本陸軍常備師團的訓練和裝備都在德國軍事顧問的悉心教導下，達到了當時世界的最先進水準。甲午戰爭中這些師團幾乎全部投入中國戰場，以後這些師團在二戰中又成為日本侵略軍核心，並全部在戰爭中覆沒，僅剩下一面私藏起來的聯隊軍旗。日軍戰時野戰兵團稱為軍，每軍通常由 2 個野戰師團組成，總兵力達 3 萬之上。後來到二戰時，侵華日人還評論日軍這些野戰師團的一個營級建制的大隊，即可擊潰國民黨軍一個師！

而中國當時 114 萬陸軍中，常備軍滿蒙八旗 250028 人和漢軍綠營的 440413 人。從鴉片戰爭開始，這 69 萬人連慈禧太后也從來不計算它的戰鬥力的，這時已退化到連武裝員警都不夠格的份。但因為這是清廷自己當年打下江山的嫡系皇朝子弟兵，所以清廷居然每年要在極度緊張的財政中，拿出 2000 萬銀子養這幫外不能禦侮衛國、內只能欺行霸市的窩囊廢。而剩下的 459367 人中以打太平軍起家的勇營和挑選綠營精銳組成的練軍中，在東北和京畿一帶較有戰鬥力，用現代化裝備起來的主力只有 53281 人，這個數字就是清政府陸軍全軍的精華和機動主力，這也是很容易理解的。任何一個國家，拱衛京畿的都是最精銳的部隊。

但這 5 萬主力中，又有很多擔負著重要炮臺要塞的守備任務，真正能機動的只有天津衛汝貴部淮軍 11384 人，葉志超、吳音仁、聶士成等直隸練軍、武毅軍 10357 人，以及駐奉天的左寶貴奉軍 3879 人，總計只有 25000 人，這就是當時中國能夠在對日戰爭中投入機動作戰的全部野戰主力。所以，當時日軍一個 3 萬人的軍的兵力就超過了清

軍在對日作戰初期能動用的所有野戰兵力，這批北洋陸軍機動兵團後來在第一梯次即全部投入朝鮮戰場，結果很快就被優勢日軍擊潰。

而兵力不敵之外，清朝陸軍實際作戰能力比起日軍差距更大，日軍平時野戰部隊編制最大單位是師團，並建立了近代化的司令部指揮系統和後勤供應與衛生系統，戰時最大編制單位是軍。而清朝最精銳的勇營和練軍平時最大的建制是營（步兵一營兵力 400～800 人，騎兵和炮兵一營兵力 100～300 人），戰時又沒有統一的戰區指揮機構，各營隊各有來路，各事其主。

旅順失陷前，清軍凡 30 餘營，「六統領不相系屬」，「諸將互觀望，莫利前擊敵」，「不拒險，不互援，致以北洋屏障拱手讓人」，在日軍的攻勢面前不堪一擊，縱有湘軍老帥劉坤一前往壓陣，也是回天乏術了。難怪黃遵憲擊節悲歌：「噫籲戰！海陸軍！人力合，我力分。如蠖屈，不得中；如鬥雞，不能群。」

清軍中近現代化的後勤供應和衛生系統更是聞所未聞，組織系統如此原始的軍隊，平時出出操嚇唬一下老百姓倒也罷了，一旦真動起來，不亂成一團才叫見了鬼。所以直到 10 年後，馮玉祥記述清軍的河間秋操時是這樣描述的：奉統制令，隊伍都到城內東林寺宿營。命令雖這樣下了，可是事先卻並沒有計畫。比如東林寺房屋共有多少間，能容得下多少人，統統沒有派人去詳細調查（其實東林寺只可住 2 個營的人，但卻共有 10 個營的隊伍）。隊伍糊裡糊塗地開了去，前頭大隊一到，屋子裡立刻站滿，不到一刻，院子裡也滿了。後頭的部隊越來越多，只因命令是住東林寺，於是不問青紅皂白，一直往裡擁進去。裡面的幾乎都要擠死，外面的仍然拼命往裡擠。有一位團長李進材被擠到裡面，出不來，就爬到人群上，踏著人頭爬到牆上。當時

擁擠的情形，可以想見。後來看看實在沒法擠了，才下令各人自己去找地方落腳。這時已經是晚上8點鐘天黑了，雨下得更大了。命令一下，隊伍立時亂了起來。兵找不到長官，長官找不到兵。雨聲人聲，滿街嘈雜，弄得天旋地轉，莫名究竟。因為沒有後勤系統，馮玉祥這幫兵此時已一天一夜粒米未進了，第二天還是馮部統制命令民家烙餅，這幫兵才吃到東西。

所以當時中國陸軍戰鬥力已經遠遜日軍戰鬥力倒也罷了，最令人痛心的是，從諸多歷史資料可以看出，在清廉如水的左宗棠指揮下曾大放異彩、在收復新疆之役和鎮南關之役中都有過上佳表現的清朝陸軍，在功過參半、很喜歡銀子的李鴻章李中堂大人手裡，戰鬥力又大大下降了。

但是清軍也不是沒有自己的亮點，這些清軍精銳的武器裝備，經過多年大規模外購，包括初具規模的清兵工產業的自製，一點也不比日本陸軍差，克虜伯山炮、加特林機關炮、馬克泌機槍、德制號槍應有盡有，只不過再先進的武器，在這樣一支腐敗軍隊裡，也只能成為敵人的戰利品。

而後來在二戰初期甚至打得美國海軍滿地找牙的日本海軍，也就是在這一段時間奠定了以後雄霸西太平洋40年基礎的。

中國海軍對日本海軍，開始時具有相當大的起步優勢，這種優勢尤以雄冠東亞的定遠、鎮遠兩艘鐵甲艦為標誌。1892年7月，清朝北洋水師提督丁汝昌率領定遠、鎮遠兩艦抵達橫濱。丁汝昌在旗艦定遠號上招待的日本議員、法制局長官尾崎三良後來寫道：「巨炮四門，直徑一尺，為我國所未有。清朝將領皆懂英語。同行觀者在回京火車上談論，謂中國畢竟已成大國，竟已裝備如此優勢之艦隊。反觀我國，

僅有三四艘三四千噸級巡洋艦，無法與彼相比。皆捲舌而驚恐不安。」

於是日本天皇立刻發佈詔敕，建設一支足以戰勝北洋艦隊的海軍，成為日本的最高命令。就在慈禧太后花 800 萬兩海軍費用建頤和園，光緒皇帝花 500 萬兩大婚，北洋艦隊 7 年未購一艘新艦的時候，日本的天皇和貴族帶頭捐款建海軍！

結果到甲午戰爭爆發時，李鴻章北洋艦隊曾雄視亞洲的 8 艘主力艦隻均已老化，而日本海軍卻已經擁有了可出海作戰的主力軍艦 31 艘（二等鐵甲艦 3 艘，巡洋艦 11 艘，炮艦 17 艘），其中包括專為克制定遠、鎮遠兩艦 304 公釐火炮，而定制的裝 320 公釐火炮的松島級三艦，還有同時代全世界火力最猛、航速最快的巡洋艦吉野。

和北洋海軍那些艦齡至少在 5 年以上的老艦相比，日本海軍 1891 年服役的全新軍艦多達 9 艘，其中有 2 艘甚至是 1894 年剛剛服役的艦隻！曾領先亞洲的清國北洋海軍，就是這樣一點點地被日本海軍從羨慕到追趕，最後完成優勢扭轉並反超的。

日本對華作戰最大的優勢，懸殊比例遠大過雙方陸海軍實力對比的決定性優勢，是日本對華情報優勢。直到今天，甲午戰爭之前日本對華間諜工作的無孔不入仍然讓瞭解那一段歷史的所有中國人不寒而慄。

戰釁未開，日本已在神州大地鋪開一張神秘大網。在戰時，上至清廷中樞的最高決策、海陸兩軍的軍力分佈、武器裝備、攻守部署等，下至機器局每日生產能力、各方往來的電報，日方均能一一獲悉，可謂知己知彼。時至今日，在日方已獲解密的檔案中，仍可看到大量當時極為機密的中方情報。在這場看不見硝煙的秘密情報戰中，中方斬獲有限，棋差一著。

六月四日

武毅軍

寧局（金陵機器局）造兩磅後膛熟鐵過山炮四尊計四箱

鐵身雙輪炮車四輛附件屬具齊全

寧局造兩磅後膛炮包鉛開花子六百顆計二十五箱

寧局造兩磅後膛炮包鉛實心子二百顆計八箱

寧局造銅管門火二千枝計二箱

兩磅後膛炮鉛群子（霰彈）二百顆計七箱

製造局（天津機器局）裝外國哈乞開司槍子（步槍子彈）二十萬顆計二百箱

云且士得十三響中針馬槍三十枝計二箱

局（天津機器局）造云縣士得十三響中針馬槍槍子一萬粒計五箱

英國威布烈六響手槍子（左輪手槍子彈）五千粒計一箱

藍官帳（帳篷）二架

藍夾帳十六架

白單帳八十架

大紅銅鍋四十口

以上共裝三百二十六箱、件，派委差弁陳金祥押解塘沽，點交「圖南」輪船

正定練軍

製造局造云且士得中針槍子四萬粒計二十箱

克虜伯八生脫七田雞炮（臼炮）銅箍開花子一百二十顆計裝七箱

這是一份甲午豐島海戰爆發前十分機密的清軍運朝軍械物資清單。不過並不是在中國檔案中發現的，而是源自日本自衛隊防衛研究所收藏的甲午戰爭時期日軍的情報資料！類似這樣的清單，在日本尚有許多。不僅如此，其他各類檔，包括中國朝廷裡的政局變化，中國軍隊的調動情況，中國官員間的電報、書信等，在日本所存檔案中都能找到極為完備的記錄。這些今天為史家所看重的史料，在一百多年前則是絕密的情報，如此重要的資訊為何為當時的日軍所掌握？原因在於日本間諜的肆虐，已使得清政府的軍政機要對日本沒有任何秘密可言。

很多中國人恐怕到現在都不太清楚，在日本一百多年的戰國混戰時代，各地大名由於戰爭的需要，都極為重視情報工作，重視情報戰是日本一貫的傳統。由於中國是其侵略的首要目標，所以在日本的情報工作主要針對中國。

早在 1871 年，日本參議江藤新平就建議儘快派遣間諜到中國。1872 年日本第一次向中國派出外務省的池上四郎、武市正幹、彭城中平等人潛入偵察了中國東北。隨後，越來越多的日諜對中國各地都進行了偵察，尤其對東北、華北、山東地區的偵察更加詳細。如 1877 年日軍中尉島弘毅徒步偵察東三省。1879 年起，日軍中尉伊集院兼雄秘密潛入華北和盛京地區，進行了為期兩年有餘的偵察活動，並繪製了盛京省地圖。1883 年，時任參謀本部陸軍中尉的福島安正偵察了奉天、營口、山海關等戰略要地，回日本後寫了《鄰邦兵備略》。1886 年福島又隨伊藤博文代表團來華偵察了山東半島沿海。1887 年宗方小太郎以旅行為掩護，偵察了東北、華北地區。1893 年 3 ～ 6 月，日本政客和日本最早最有影響的民間右翼團體玄洋社就在上海合辦過民間間

諜組織——東洋學館。

　　不久，日本陸軍中尉荒尾精於 1886 年設立了樂善堂漢口分店，下轄 300 多名日諜，成為戰前日本在華最大的間諜機關。其成員四處周遊，用了 4 年多時間把收集到的情報編成《清國通商總覽》一書，此書二編三冊 2000 多頁，被西方譽為「向全世界介紹中國及中國人實際情況之最好文獻。」該書涉及中國政治、金融、商貿、產業、教育、交通運輸、地理、氣候、風俗習慣等方方面面，這是當時有關中國情況介紹最全面的著作，此書一出，連歐美都感到震驚。

　　而樂善堂的日諜諜蹤甚至深入到了中國康藏地區。甲午戰爭中最有名的日諜之一石川五一曾受命與另一間諜松田滿雄到中國西南地區調查。他們兩人的任務：一是調查全川情況，二是瞭解川南的苗族，三是調查西藏的牧場。他們以成都為中心，足跡遍及全蜀，直達西藏邊界。

　　石川當時設想到西藏經營牧場，為樂善堂籌集經費，這兩個鬼子甚至希望能仿效三國故事，割據四川，另立一國。石川等人撰寫的西南報告，龐然巨冊，並附以十分精密的地圖，被日本軍事當局當做極為珍貴的資料保存。

　　除秘密間諜外，日本還利用駐外使節大肆公開刺探情報。1827 年美國「海軍武官制」形成後，日本充分仿效這種外交途徑，大肆收集朝鮮和中國的情報。如早在 1892 年，時任日本駐北京公使館武官神尾光臣收買一名清政府軍機處官員，詳細瞭解到清政府的軍備機密。戰前日本駐北京公使館武官井上敏夫、瀧川具和對清國沿海進行了詳細考察；日本駐朝鮮使館武官炮兵大尉渡邊鐵太郎和其後的炮兵少佐伊知地幸介對朝鮮進行了實地考察；再如日本駐北京臨時代理公使小村

壽太郎、駐天津領事荒川已次、駐韓公使大鳥圭介，都打著外交幌子有效地探聽出清政府意圖。

而日本外務省的中田敬一則主持破譯了中國外交密碼，從此不僅掌握了中國使館與國內的全部通訊，而且，還從中截獲了大量軍事情報。而清廷卻毫無覺察，整個戰爭中一直未改密碼，以致在馬關談判期間清廷與李鴻章的往來密電也被全部破譯。

甲午戰爭中，中日兩國海軍實力相差無幾，但日本艦隊總是能在合適的時間和地點集結優勢兵力，除了陸上的情報人員之外，應該也與此密碼的洩露有相當關係。而中田敬一本人則因此功被提拔為日本外務省政務局長。

直到 1938 年中田敬一本人披露此消息之前，中國方面對此都懵然無知。而中田敬一揭秘時，大清國早已滅亡了 27 年，日軍的鐵蹄也幾乎踏遍了大半個中國。

由於腐敗的清廷毫無保密防諜意識，到後來日軍最高級別的軍事將領乾脆直接跑到中國來看地形了。

1893 年 3 月，時任日本參謀本部次長的川上操六率大批軍官經朝鮮到中國，考察了朝鮮和東北的兵要地志。他的這次偵察對甲午戰爭影響重大，使日軍的作戰計畫「成熟於彼腦海之中」。

這次日本高級將領偵察所獲的情報，對刺激日本的戰爭野心和制訂侵略中國的計畫起了重大作用。川上跑了哪些地方？釜山、仁川、天津、北京、上海、南京等地！還繪製了許多地圖，日軍的參謀次長就這樣大搖大擺地對中國完成了戰前實地偵察！

日軍參謀次長本人完成偵察後滿意之極——「對清國作戰計畫，於此際已成熟於彼腦海之中。」

正是由於日本在戰前做了大量細緻的偵察工作，因此在戰爭中，日軍避實擊虛，自己都常常感慨「得益甚多」。而與之相比，清政府落後的情報意識令人痛惜。清朝統治者在戰前是「上驕下慢」，以為日本的「大陸浪人」和間諜都是「雞鳴狗盜之徒」，對他們在戰爭中所扮演的角色認識不足。直到戰爭爆發前，李鴻章才認識到偵察的重要性，並感慨道：「至東京，我無偵探，彼禁不禁無關輕重。華地彼多奸細，我若不禁，一舉動無不洩露。」

而李鴻章卻不知道，連他自己的親侄子，天津軍津總辦張士行的秘書劉芬都被日諜石川五一收買，出賣了包括清軍高升號運兵船出航日期在內的大批戰略情報。

陳悅在《沉沒的甲午》中感歎：「今天通過翻查日本檔案，還可以發現一個令人驚愕的情況。當時每日北京朝廷裡發生的大事、中國重要的軍事電報，日本政府幾乎都能同步知道，全中國各地所有軍隊的駐地、番號、人數這類明顯出自兵部檔案的情報，在甲午戰爭時已經由日本參謀部出版發行。甲午戰爭時，到底有多少中國人在為日本提供情報，到現在都是個難以解答的巨大問號。」

「和日本頗有效率的諜戰攻勢相比，甲午戰爭中，中國在日本並沒有開展任何真正的情報工作，目前所能查到的戰爭期間中國派出的間諜，僅有一位名叫李家鼇的官員以商務官員身份潛伏至俄羅斯符拉迪沃斯托克，在那裡刺探俄國軍事調動的情報，並間接瞭解朝鮮、日本情報，所得的成果並不突出。」

「甲午戰爭中，古老的中國猶如是一個耳聾眼瞎的老者，試圖與耳聰目明、身強力壯的年輕人搏擊，在秘密戰線上儘管中國曾破獲了幾起諜案，但總體上仍然完全呈現出一種被日本壓倒的態勢。」

隨著軍備的迅速完成，日本的擴張開始了。

日本明治政府成立後，不久即吞併了琉球。琉球歷史上就是個獨立王國，地當東亞海貿要衝，所以跟中日朝都往來密切，日本若說琉球向其納過貢，那琉球也早就向中國稱過臣，琉球的第一次人口普查就是於 1326 年明朝使團完成的，當時琉球北山國王中山國王和南山國王，三國之間互相不停攻戰，中國人把蒙古人趕走後，三位國王都遣使向中國進貢爭正統，結果中國王朝的訪問團到實力最強的中山國查戶口，全國人口——36 戶！所以歷史上琉球和中國一直保持了很密切的關係，中國一直是把琉球當藩屬國一樣看待的。

1383 年至 1866 年，琉球有 24 個國王受中國皇帝冊封。1609 年日本薩摩藩背著中國，將琉球北部諸島置於自己直接控制之下，南部仍由琉球國王治理。琉球每年也向薩摩藩主納貢。薩摩藩主企圖在與中國的貿易中獲得好處，允許琉球繼續朝貢中國。在中國使者來琉球主持冊封典禮的時候，日本人不許琉球顯露出任何日本勢力存在的跡象。因此，清政府始終把琉球看做自己的藩屬，不清楚它的雙重地位。

趁著中國國勢日衰，1872 年，日本冊封琉球王尚泰為「藩主」，強迫建立日、琉宗藩關係，為其吞併琉球做準備，也為侵略臺灣尋找根據。

同年 6 月，日本外務卿副島種臣以換約和慶賀同治帝親政為名，來到北京。21 日，副島派外務大臣柳原前光到總理衙門探詢清廷對臺灣山胞戕害琉球船民的態度。總署大臣毛昶熙回答，該島之民向有生熟兩種。其已服我朝王化者為熟番，已設州縣施治；其未服者為生番，姑置之化外，尚未甚加治理。日本即抓住回答中的隻言片語，作為侵犯琉球的藉口。

　　1875 年 6 月，日軍正式進駐琉球，強迫琉球改奉日本年號，停止對中國的一切臣屬關係。1877 年 6 月，閩浙總督何璟向朝廷報告，琉球國王向中國求援。朝廷並不以為然，下旨琉球之事著出使日本大臣何如璋到日本後相機妥辦，琉球使臣著飭令回國，毋庸在閩等候。1877 年至 1878 年，日本國內政局混亂，先是西鄉隆盛發起了薩摩藩的叛亂，史稱「西南戰爭」，李鴻章還向日本政府提供了 10 萬發彈藥。9 月 24 日，西鄉戰死。次年，大久保利通被暗殺。日本政府無暇在此困境中解決琉球問題，清政府也沒有抓住短暫的有利機遇。從深層次來說，他們根本就認為不值得為了這個孤懸海外的藩屬，去與日本打仗。1879 年 3 月，日本把琉球國王尚泰擄往東京，宣佈改琉球為沖繩縣。恭親王卻在奏疏中說，何如璋在日本辦理琉球交涉事宜，欲假以兵力以示聲威。但從中國現在局勢看，跨海遠征，實覺力有不逮，故仍然只能據理辯論。李鴻章則請求來華旅行的美國前總統格蘭特設法調解。10 月，琉球耳目官毛精長等 3 人向總署遞稟泣援，總署只是發給他們 300 兩川資，將他們打發回國。

　　中國就這樣稀裡糊塗地丟掉了戰略地位極其重要的 500 年琉球藩國。

　　侵佔琉球後，日本立刻盯向了臺灣。1874 年，日本派西鄉從道率軍 3000 在臺灣琅橋登陸，臺灣軍民奮起還擊，清軍艦隊也開赴臺灣增援，弱翼未豐的日軍只好撤走，走前竟然勒索了清政府 50 萬兩白銀。一位外國作家冷峻地評論：「這次對日賠款，能和而不能戰，為清國向世界宣佈哀落之開始。」

　　清廷並不是沒有人的，日本的野心，當時很多有識之士都看出來了，都認為日本將是中國最大的敵人。說到底，一個小國很難理解一

個真正的中心大國必須承擔的責任和道義，而一個大國則很容易就能
理解一個小國的雄心，說得不好聽，就是野心。

　　同光年間清廷最有遠見的智者、中央洋務首腦中一直排名第二的
大學士文祥在日本犯台後當即指出：「目前所難緩者，惟防日本為尤
亟。以時局論之，日本與閩浙一葦可航。倭人習慣食言，此番退兵，
即無中變，不能保其必無後患。尤可慮者，彼國近年改變舊制，大失
人心，叛藩亂民一旦崩潰，則我沿海各口岌岌堪虞。明季之倭患，可
鑒前車。……夫日本東洋一小國耳，新習西洋兵法，僅購鐵甲船二
隻，竟敢藉端發難；而沈葆楨及沿海疆臣等僉以鐵甲船尚未購妥，不
便與之決裂，是此次之遷就了事，實以製備未齊之敵。若再因循泄
遝，而不亟求整頓，一旦變生，更形棘手。」

　　文祥透過日本侵台事件已經看到，日本將成為中華民族最危險的
敵人，這個論斷是很有遠見的。

　　李鴻章也指出：「泰西雖強，尚在七萬里以外，日本則近在戶闥，
伺我虛實，誠為中國永遠大患……是鐵甲船水炮臺等項誠不可不趕緊
籌備。」「日本傾國之力購造數號鐵甲船，技癢欲試，即使日本能受羈
縻，而二三年內不南犯臺灣，必將北圖高麗。我若不亟謀自強，將一
波未平一波又起。……《詩》云：『未雨綢繆』，何況既陰既雨乎？」
「日本狡焉思逞，更甚于西洋諸國，今之所以謀創水師不遺餘力者，大
半為制馭日本起見。」

　　中國近代海軍由此奠定了主要的戰略使命和主要假想敵。

　　還有一位當時的名臣沈葆楨，一直到逝世時，口中最後的囈語都
是趕緊建造防禦日本侵略的鐵甲船。

　　日軍侵台時，中日雙方在台南琅橋一帶劍拔弩張。中國正在加緊

運輸淮軍及各地兵士萬餘人，海軍艦隻已多過日本。沈葆楨運籌帷幄，縝密計畫，提出只要購買兩艘鐵甲船，佐以閩廠生產的大小艦艇十餘艘，就可以壓倒日本，取得制海權。既可防止日軍侵犯大陸、沿海，又可控制台灣海峽，若揮師北上，可泊船於定海、上海，伺機炮轟日本長崎，封鎖鹿兒島出海口，陸軍從後奪取敵方海口炮臺，海軍足以殲滅那裡的日方艦隊，迫使日本屈服。

李鴻章支持沈葆楨購艦兩艘，認為：「若能添購兩號，縱不敵西洋，當可與日本角勝海上。」

沈葆楨《致李中堂》的長信中說道：「鄙意非謂有鐵甲船而諸船可廢，謂有鐵甲船而後諸船可用。問各國之強，皆數鐵甲船以對。獨堂堂中國無之，何怪日本生心乎？」

沈葆楨臨終前還念念不忘鐵甲船，叫長子瑋慶口授遺摺，托江寧布政使桂嵩慶代遞。桂嵩慶記述沈葆楨彌留時的情景：「先是督臣（指沈葆楨）自知疾必不起，於前數日授遺摺，命臣屆時代遞。不眠已四五十日，間或坐而假寐，口中喃喃有詞，就是議鐵甲船之事。」沈的遺摺中最重要的事就是購買鐵甲船，「臣所每飯不忘者，在購買鐵甲船一事，今無及矣，而懇懇之愚，總以為鐵甲船不可不辦。……目下若節省浮費，專注鐵甲船，未始不可集事；而徘徊瞻顧，執咎無人。伏望皇太后聖斷施行，早日定計，事機呼吸，遲則噬臍。」

沈葆楨病危，還每飯不忘國家的興衰成敗。沒有先進艦艇，無法抵禦外侮，談不上保家衛國。遺摺中突出購艦制艦的必要性、緊迫性（事機呼吸），遲則追悔莫及。他臨死前猶呼：「鐵甲船、鐵甲船！」

文祥、曾國藩、左宗棠，還有一位沈葆楨，這四人若能晚死十年，中國的情景都會大不一樣，對日作戰肯定不會敗得那麼慘。

　　但歷史沒有假設，這些愛國者的遠見卓識和巨大努力，被腐朽的體制和腐敗的官場全部湮滅了，時當晚清國勢每況愈下之時，不知多少仁人志士和愛國者逝世時都是死不瞑目，目望蒼天。

　　日本要擴張，路線那是一貫的，一條是沿第一島鏈南下攻擊琉球、臺灣，一條是西進過朝鮮海峽，從朝鮮衝擊東亞大陸。所以日本只要一擴張，朝鮮總是首當其衝的第一個受害者，除非日本待在本土安分守己，但日本又怎麼會放過朝鮮呢？

　　果然，豐臣秀吉之後300年，日本對朝鮮的野心又復活了，明治維新第一功臣西鄉隆盛同政府鬧翻而掉了腦袋，很重要一個原因就是此時羽翼未豐剛剛起步的日本政府，不同意西鄉當時太激進的侵朝戰略。

　　但是日本剛壯實了點，山縣有朋就在國會演講「朝鮮是日本的利益線」，此時朝鮮李朝外戚干政已有200多年，百腐叢生，當然給人可乘之機，於是日人拉攏曾經赴日考察的一些年輕朝鮮士族，包括師從福澤諭吉的金玉均等人，從此在朝鮮內部打進了自己的楔子，然後當然是帝國主義者們的老一套，逐步滲透，勢力越來越大，最後呢，當然就是和朝鮮既得利益集團鬧得不可開交囉。

　　於是老規矩，清軍就應邀進了朝鮮。日本呢？一向是不被打得滿地找牙決不肯吐出任何到手利益的，哪怕這利益是完全非法的。但中國的慈禧太后和李鴻章老先生在對外關係上都是多一事不如少一事，得過且過的主，於是中國和日本又在朝鮮形成了對峙。

　　今天，不管南韓和日本怎麼編造歷史，歷史的真實是，朝鮮做了中國1000年的藩國，但實質上仍是個和中國極其友好的自主之國，朝鮮被外人打了，中國還得去幫忙打架。而甲午之後，由投靠日本的韓

人搞起來的大韓帝國只存在了 14 年，就直接變成了由日本軍人做總督統治的日本一個行政區，想借俄國之力抗衡日本的閔妃（明成皇后）死在日本浪人手裡，到日本去的朝鮮王族和貴族沒有一個有好下場，有的在廣島直接吃了原子彈，有的在日本連話都不敢多說一句，委屈到活活憋死。

　　但是不管慈禧太后和李鴻章怎麼想息事寧人，日本人想要的整個朝鮮，乃至背後的中國，而滿清絕無可能澈底放棄自努爾哈赤起就在實際上歸附的朝鮮。於是，鄧子龍、李舜臣殉國 300 年後，日本入侵朝鮮再次成為中日直接衝突的導火索，並迅速引爆了左右中日 50 年國運的甲午大決戰！

更多精采史話，敬請期待下集

附錄一　宋宜昌先生談元朝伐日

　　元朝征日，是許多軍事愛好者非常感興趣的一件事，但是有關這方面內容的介紹極少，很多軍迷深感遺憾，只有宋宜昌先生對中日雙方的史料進行過非常完整的研究，甚至還在日本專門與日本學者進行過探討，他的這份資料非常少見珍貴，也是國內最全面的，所以摘錄在此以饗讀者：

　　西元 1270 年，元世祖忽必烈派女真人趙良弼為國信史出使日本，一方面傳遞國書，另一方面進行戰略偵察。

　　至元十年（西元 1273 年）三月，趙良弼由高麗再至日本大宰府要求進京面見國王，大宰府西守護所再次拒絕，不得已回國。同年六月至京，忽必烈召見，詢問出使日本情況，稱讚其不辱君命。趙良弼將他在日本逗留時對日本君臣爵號、州郡名數、風俗土宜等的考察呈上，忽必烈於是徵詢他對用兵日本的意見。趙良弼說：「臣居日本將近一年，睹其民俗，狠勇嗜殺，不知有父子之親，上下之禮；得其人不可用，得其地不加富。趙良弼認為：舟師渡海，風險浪阻，禍害莫測；勿將有用之民力，填無底之洞；不可進攻日本」（作者按：這是趙良弼經過調查，得出的較為現實的結論。一句話，小國刁民，別打算了，讓小日本過他們自己的小日子，別打擾天照大神的子孫吧）。

　　但是忽必烈迷信武力，不納良言，於是組織元朝大軍渡海伐日，這是東亞古代一次非常罕見的大規模跨海兩棲登陸戰。

　　至元十年（西元 1273 年）四月，忽必烈趁耽羅島林衍起事反對高

麗王統治之機，派元軍駐高麗統帥忻都、洪茶丘和高麗將軍金方慶，率軍攻入耽羅島，控制了日本與南宋間的海上通道（作者按：就在這一年的二月，苦戰 6 年的南宋襄陽失陷，南宋朝廷正在準備在江淮地區做最後的抵抗）。

　　隨後，忽必烈召忻都、金方慶等回國向高麗王傳達忽必烈的造艦命令：共造艦 900 艘，其中大艦可載千石至 4000 石者 300 艘，由金方慶負責建造；拔都魯輕疾舟（快速艦）300 艘、汲水小船 300 艘，由洪茶丘負責建造，並定於正月十五日動工，限期完成。六月，900 艘按高麗船式而未按南宋船式建造的軍艦完工，上報世祖。忽必烈任命征東都元帥忻都、右副帥洪茶丘、左副帥劉復亨，統率蒙漢軍 20000 人、高麗軍 5600 人，加上高麗水手 6700 人，計 32300 人，於八月出發。

　　由元世祖授命組成的征日元軍，是由蒙、漢、高麗三種部隊組成的聯軍。聯軍的核心蒙古部隊，經過著名統帥忽必烈的訓練，軍紀森然，英勇善戰，戰鬥力強。部隊的組織在當時亦較先進，每十人、百人、千人、萬人各為一個戰鬥隊，每隊設長一人率領。千人隊為兵力的基本計算單位，任命武功卓著的將領為隊長。元軍進攻的戰術較日本先進，日本史書載：

　　擊鼓鳴鑼，殺聲震天。日軍戰馬驚恐不安，跳躍打轉，當武士撥轉馬頭衝向敵人的時候，已被敵人射中。蒙古矢短，但矢根塗有毒液，射上即中毒。敵數百人箭射如雨，長柄矛可刺進鎧甲縫隙。元軍排列成隊，有逼近者，中間分開，兩端合圍，予以消滅。元軍甲輕、善騎馬，力大，不惜命，豪勇自如，善於進退。大將居高處指揮，進退擊鼓，按鼓聲行動。在後退時，鐵炮中裝鐵彈，隨著火焰噴出，四面烈火，煙氣彌漫；其聲淒厲，心碎肝裂，目眩耳聾，不辨東西，被

擊斃者極多。

這是元日戰爭參加者的戰況記載。從中可以看出元軍的戰鬥隊形和戰術的應用。首先，元軍擊鼓鳴金，鼓噪前進。這使日本武士及其戰馬很不習慣，戰馬驚懼，在原地打轉不敢衝鋒，致使武士在撥轉馬頭時，已被射中落馬。

其次，元軍列隊集體進退，敵人衝至隊前立即中間分開，兩頭合圍聚而殲之。

其三，元軍弓箭手集體排射，矢短弓硬，射程近二百步，矢可穿透日本重鎧，而且矢尖塗毒。

其四，士卒身著護頭輕甲，便於運動，隨著攜帶短弓、曲刀、長矛、大斧，英勇悍鬥。

其五，指揮官佔據高處，以鼓指揮進退。

其六，元軍使用日本武士沒見到過的鐵炮。蒙軍在征服歐亞各國的戰鬥中，經常使用。大炮的轟鳴使日本武士極為害怕。

元軍的武器和戰術，日本武士從未見過，因而在初次接戰中，損失不小（作者按：其實這很正常，在征伐世界的過程中，蒙古軍的戰略戰術和武器裝備都是世界上最先進的）。

反過來再看當時日本武士軍隊的情況：

日本武士部隊的基礎是守護地頭制（莊頭制）。這是源賴朝建立幕府時期形成的兵制。任守護地頭職的武士，多為有功於歷代將軍或執權的家臣即「禦家人」。守護，是掌握某一地方兵馬大權的最高行政長官；地頭，是管理公私土地進行徵稅的官吏，對其所管理的土地擁有員警權。他們按其管理的土地面積大小，蓄養私兵。這種私兵叫做「家人」（族人、家人）、「郎党」（家臣）。家人是守護、地頭一族

的世僕，在需要時即成為武士隊伍的骨幹。郎党類似漢、唐的部曲，是第一線的戰鬥員。家人和郎党是多年隨從守護、地頭的世僕。某一守護率隊出征，其一族的家人、郎党即成為該守護部隊的骨幹隨同出征，守護所轄的地頭，亦率其家人、郎党自成一隊，歸守護指揮。這種以主從關係構成的部隊，組織鞏固，不易潰散，散可以重聚。家臣以死於君主馬前為榮，因此，戰鬥力頗強。但是，這種隊伍是各自為戰的，指揮不統一，戰鬥時又偏重於一騎對一騎的單打（即一騎打），因此戰鬥時幾乎是混戰、無組織無紀律，不易指揮，無戰術可言，因而從整體上說戰鬥力是弱的。日軍尚未經過大戰的洗禮，沒有系統的戰略戰術理論，還只是正規軍隊的雛形。

至元十一年（西元 1274 年）侵日元軍在忻都、洪茶丘、劉復亨三將指揮下，十月三日從高麗合浦（今鎮海灣馬山浦附近）出發，駛向對馬。十月五日逼近對馬島。六日佔領對馬島。元軍於十四日傍晚攻入嘉定壹岐島。十六日元軍逼近肥前沿海島嶼及西北沿海帶，元軍沒有在此處登陸，向縱深發展，將軍力直接指向博多灣大宰府。

元軍十月五日進攻對馬島的消息，在十月十七日方送到鐮倉。到十月二十二日，鐮倉幕府方知對馬島為元軍佔領，而這時，元日第一次戰鬥已經結束。從日本人的反應看，日本朝廷和幕府對元軍的入侵，沒有任何具體的部署和指揮，戰鬥主要在大宰府少貳藤原經資的指揮下進行的。

大宰府西守護所少貳兼任「三前二島」守護藤原經資得到元軍進攻對馬的戰報後，一邊上報幕府，一邊部署防禦。藤原經資自任總指揮，豐後守護大友賴泰任副指揮，經資之弟景資任前線指揮，同時命令九州各地武士隊伍向博多灣集結，參加戰鬥。

　　十月十九日，元軍艦隊進攻博多灣，殺散海濱守軍佔領今津一帶。由於今津一帶地形不利於大部隊展開作戰，且距大宰府尚有一日行程。因此，當晚元軍退回船上，準備次日進攻大宰府。

　　二十日晨，元軍展開登陸戰，一部元軍從博多灣西部百道源濱海一帶登陸。先天晚上已在此佈陣的第一線指揮藤原經資所率 500 名騎兵，並沒有趁元軍登陸半途邀擊。而是在元軍登陸整頓好隊形後，方始按日本當時會戰的慣例，由主攻部隊放射「鳴鏑」，表示進攻開始，然後由一名武士單騎搦戰，馳在前邊，大隊騎兵隨後衝殺。日本武士對元軍的戰術，完全沒有準備。當日本武士騎兵隊伍逼進時，元軍鼓聲齊鳴，喊殺之聲震天，硬弓短矢，噴射火焰的大炮轟鳴，震撼山嶽，日本武士心驚膽裂，戰馬驚恐不前。被元軍分圍合擊，兩軍剛一接觸，日本武士軍隊死傷嚴重。百道源戰場日軍「伏屍如麻」，元軍推進至鹿原（作者按：蒙古軍征服世界，以少勝多，靠的就是協同作戰能力強）。

　　另一部分元軍攻入百道源西部的赤阪高地，肥後武士菊池二郎武房率武士 130 騎與元軍展開戰鬥，大宰少貳藤原經資所率武士部隊，按一族一門的戰鬥組織形式，輪番與佔領赤阪高地的元軍進行殊死戰鬥，終於迫使這部分元軍向鹿原方向後撤。在元軍撤退時，肥後武士竹崎季長率自己的郎黨四騎，尾追元軍，負傷落馬僥倖未死。元日戰後，竹崎季長以自己參加戰鬥的經驗和目睹實況為基礎，繪畫《蒙古入侵繪詞》一卷，為研究元日戰爭留下了比較逼真的史料。

　　鹿原及鳥飼一帶的元軍，繼續登陸，擴大佔領地面。日本北九洲各地武士一隊一隊輪番進攻元軍。儘管武士軍隊人數不少，但就每一隊武士說，都較元軍為少，因而死傷慘重。

　　這時，另一部分元軍從博多灣東部箱崎方向登陸，佔領岸邊松林，從背後夾擊與百道源軍作戰的日本武士。該地守軍大友賴泰的武士隊伍受不住元軍的夾擊，開始向東南方向撤退。由於大友賴泰武士部隊的撤退，與百道源元軍作戰的日軍腹背受敵，被迫向大宰府水城方向撤退。

　　二十日，元軍與日軍鏖戰一整天，近傍晚時候博多灣箱崎等地方落於元軍之手，日軍被迫全面撤退，但元軍緊緊咬住不放，隨著撤退的日軍節節緊逼前進。元軍作戰指揮劉復亨為了更好地指揮作戰，從高坡走下騎馬前進。這一情況被日軍前線指揮藤原景資發現，他立即引弓搭箭，劉復亨被射落馬下。元軍統帥受傷，使進攻的勢頭略受挫折，加之天已黃昏，遂停止進攻。

　　元軍統帥忻都召集其餘將領討論第二天的軍事行動。經過一天的奮戰，元軍對日本武士的勇猛戰鬥，頗有懼意，而且對一隊隊參戰的武士部隊很難準確地估算其數字，以為數倍於元軍。同時元軍雖然佔領了灘頭陣地，但死傷不少，兵疲矢盡，且統帥受傷，這些對久經戰鬥的元軍統帥忻都產生了影響，從而不能正確地判斷出戰爭雙方的形勢。高麗軍將領金方慶比較冷靜，他看到當時的戰爭形勢對元軍有利，認為只要堅持苦戰，將可攻取大宰府，保住陣地以待援軍，所以，他建議：「我軍雖少已入敵境，人自為戰，即孟明焚舟、淮陰背水計也。」但是，不能正確判斷戰爭形勢的忻都，否定了金方慶的正確意見，他說：「小敵之堅，大敵之擒。策疲兵入境，非完計也，不若班師。」於是忻都決定，全軍撤至船上，明日班師。然而就在當夜，突降大風暴雨，元軍不熟悉博多灣地形，船觸礁者極多，忻都連夜率軍冒風雨撤退回國。

　　元軍侵日的第一次戰爭，就這樣結束了。據史載，元軍未回者約13500餘人。這個數字為侵日元軍的半數，當然這並非都死於戰鬥，主要死於風暴。

　　第二天即二十二日晨，日軍在大宰府水城列陣，但不見元軍進攻，派出偵察人員始知博多海裡已無元軍船隻，元軍撤退了。

　　入侵元軍遭暴風襲擊，人溺船毀連夜遁走的消息傳入鎌倉和京都後，幕府和朝廷、公卿大臣、武士和人民，無不認為是天佑，是祈神的結果。因為元軍不是為日軍所擊退，是被暴風所吹走。因此，全國上下，朝廷和幕府開始了祈神運動。一為酬謝神佑，二為祈神使元軍勿來。

　　當時實際掌握朝廷大權的龜山上皇從十一月初開始，向寺、社奉獻錢幣，在延曆寺為祈願「異國降伏」，修行五壇法、金輪法、佛眼法、四天王法等。現在看來這種迷信活動似乎可笑，但在當時，是天皇朝廷惟一能做的事。因為天皇政府不掌握軍隊，備戰的問題完全由幕府進行。

　　不僅天皇朝廷祈神，幕府的掌權者北條時宗也在祈神。北條時宗信仰禪宗，師事道隆。

　　身為武士統帥的北條時宗尚且如此，其他武士的崇佛情形不問可知了。

　　日本人在戰爭中成長起來了。為防元軍再次入侵，北條時宗在祈佛的同時，著手增強西部的守護力量。首先加強長門守護所的力量，任命胞弟北條宗賴為長門守護，統率長門、安藝、周防、備後各國的「禦家人」，防衛西部。與此同時，增派北條實政去鎮西主持九州方面的備戰工作。

　　北條時宗在增強西部兵力之後，開始在博多灣沿岸修築石壩，作為反抗元軍入侵的防禦工事。石壩西起今津，東至箱崎，壩高約五六尺，厚約一丈，沿自然地形長達十餘公里。石壩在防衛元軍第二次入侵的戰鬥中，起了很大的作用。

　　幕府在加強鎮西防守力量的同時，在建治元年（西元 1275 年）十一月，下達「異國征伐令」，準備入侵高麗。儘管軍隊沒有出征，已有部分武士未經幕府的批准，即自行侵擾高麗南部沿海。

　　元世祖忽必烈第一次派元軍入侵日本的目的，在於威嚇日本，促其迅速通好，尚無滅日的決心。忻都等元軍統帥利用忽必烈的這種想法，巧妙地掩飾遭風退敗的實情，以「入其國敗之」的戰績，上報世祖。忽必烈信以為真，認為日本在元軍的打擊下，受到了應有的教訓，必將與元通好。因此，在至元十二年（西元 1275 年）二月，大賞征日有功將士，同時決定派出禮部侍郎杜世忠、兵部郎中何文著等，攜帶國書出使日本，以求通好。

　　八月，元使杜世忠一行至鎌倉。剛愎自用的北條時宗，既不接受元國書，也不考慮其他後果，以下令斬元使之首表示自己的勇武不懼。九月七日，元使杜世忠一行 30 餘人，被斬於鎌倉的龍口，只放逐 4 名高麗船員。

　　至元十六年（西元 1279 年），南宋亡後，元統一中國，這時忽必烈注意到杜世忠尚無消息。南宋降將范文虎奏請以自己的名義寫信致日本政府，請求通好。范文虎的使者周福，在同年六月抵日，八月被殺於大宰府。忽必烈要求通好的一切努力毫無結果，迫使他萌發出了征服日本的決心。

　　至元十六年（西元 1279 年），忽必烈任命忻都和洪茶丘為第二次

征日的元軍統帥；同時，命令高麗王造艦 900 艘。至元十七年（西元 1280 年），杜世忠被殺消息傳至元都，忽必烈征日決心始定。為了集中領導征日工作，忽必烈特設征東行中書省，任命范文虎、忻都、洪茶丘為中書右丞，行中書省事，加封高麗王為開府儀同三司中書左丞行中書省事。

忽必烈決心征日，著手建立海軍。命范文虎往江南收集原張世傑舊部及其他願意從軍者計 10 萬人，戰船 3500 艘，組成江南軍。江南軍由范文虎統率，從水路出發東征日本。另一方面，又命洪茶丘至東北，招募遼陽、開原等地願從軍者 3000 人，歸洪茶丘統領。忻都仍統領蒙古軍。又任命高麗將軍金方慶為征東都元帥，統率高麗軍 10000 人，水手 15000 人，戰船 900 艘，軍糧 10 萬石。三軍合計 40000 人，組成東路軍，取道高麗東征日本。

元世祖軍事部署就緒之後，於至元十八年（西元 1281 年）正月，召集兩路征日軍統帥會議，並任命元軍優秀宿將阿剌罕為兩路軍的總指揮。會議確定，兩路軍各自擇期出發，於六月十五日至壹岐島會師。同時，忽必烈命令各船攜帶農耕器具，以備佔領九州之後作屯墾之用。由此可知，忽必烈征服日本之心甚堅，並且認為此行勝利是必然的。

二月，諸將陛辭，忽必烈指示取人之國者，在於得到百姓土地，切勿多殺。同時，將帥要同心合力，切勿猜忌，以免招致失敗。忽必烈已看到將帥間的不合，這是第二次征日失敗的重要原因。

至元十八年（西元 1281 年）初，元世祖忽必烈征日軍事部署已經完成，即將擇日下令出征。恰值此時，高麗王上書世祖，日本武士犯邊，要求出兵追討。於是，元世祖下令征日大軍出發。

　　本次征日的先鋒是東路軍。五月三日，東路征日大軍自合浦起錨，開往巨濟島等待江南軍。東路軍在巨濟島待命半月，儘管未到預定會師日期，但忻都等決定不再等待。五月二十一日，東路征日大軍艦隊直駛對馬島，元軍第二次侵日戰爭揭開戰幕。

　　日本弘安四年（西元 1281 年）五月二十一日，元軍征日東路軍進攻對馬島的世界村（上島佐賀浦）、大明浦，守島日軍奮勇抵抗，因眾寡懸殊，全部戰死。元軍佔領對馬島後，不顧忽必烈的指令，大肆殺掠。五月二十六日，東路大軍攻入壹岐島。元軍佔領壹岐島後，理應按忽必烈召集的軍事會議精神，在此等待江南軍。但是，忻都自恃有上次戰爭經驗，而且兵力多於上次戰爭，尤其擔心江南軍搶佔首功，因而在沒有認真偵察研究日本的防禦戰術是否發生變化的情況下，貿然地率軍自壹岐島出發，駛向博多灣。忽必烈最擔心的將帥不合問題發生了。不偵察日本的防禦狀況和不與江南軍會師，是東路軍失敗的根本原因。六月六日，東路軍出現在博多灣海面。與此同時，忻都曾派出一支小型艦隊，駛向長門，牽制長門的守軍，使其不敢救援大宰府。

　　五月二十一日，元軍進攻對馬島的消息於十天之後送到幕府和京都。元軍進攻長門的快報，六月十四日方始送到。特別是元軍進攻長門的消息，震驚了鎌倉和京都。民心不穩，輿論驚民，以致出現市無糶米，民有饑色。後宇多天皇親臨神祇宮祈禱七晝夜，龜山上皇在石清水神社祈禱，又派人去伊勢神宮祝詞：願以身代國難，各王公大臣紛紛向寺、社獻幣、寫經、誦經。

　　武士的驚慌不亞於天皇和公卿，紛紛向社、寺獻地祈願。

　　當北九洲鎮西守護所得知元軍侵入對馬、壹岐後，在鎮西奉行少

貳藤原經資統率下的守護部隊立即進入沿海石壩陣地，嚴陣以待。北九洲的守護部隊通過第一次元軍入侵戰爭即文水之役，取得了戰爭的經驗教訓，對部隊進行適當的調整。總指揮仍為藤原經資、大友賴泰作副手，在他們領導下，參加第一線的戰鬥員大約有四萬人，此外，其他地方部分禦家人和武士，參加了九州的戰爭。

六月六日，元軍艦隊駛進博多灣時發現，沿海灘頭築有石壩，登陸發生困難。忻都派出偵察部隊，偵察終日，始知志賀島和能古島防禦薄弱，未築石壩，遂命艦隊靠近志賀島下錨。元軍第一次侵入博多灣，是以突然襲擊而得手的，第二次侵入偵察終日未能登陸，為日軍防禦贏得一整天的時間，已不再是突襲而是強攻了。

七日晨，由洪茶丘所率元軍登陸戰領志賀島，與元海軍形成犄角之勢，擴大佔領區。八日和九日，元日兩軍的陸戰，集中於這個狹長的島嶼上。志賀島在海潮退時，露出海灘直通陸地，元軍力圖從海灘突破，進攻博多守軍後路。因此雙方的爭奪戰極其激烈。《張成墓碑銘》載：

「八日賊遵陸復來。君率纏弓弩，先登岸迎敵，奪占其□要，賊弗能前。日晡賊軍復集，又返敗之。明日倭大會兵來戰，君統所部，入陣奮戰，賊不能支，殺傷過眾，賊敗去。」

戰鬥越來越激烈，高麗軍也投入這場爭奪戰。日軍副指揮大友賴泰之子大友貞親率日軍突入，擊退元軍和高麗軍，恰遇洪茶丘。幸虧王萬戶率軍搶救，戰退日軍，洪茶丘方免於難。九日，日軍復來進攻。在這狹長的灘頭陣地，元軍不能發揮其所長，恰好適應日本武士一人一騎的戰鬥方式，因而元軍的傷亡很大。據日本史書記載，元軍被殺千餘人。戰鬥進行到六月十三日，元軍未能前進一步。這時正值

六月（西曆7月）盛夏，長期船上生活和戰鬥，蔬菜、飲水供應困難，疫病不斷發生，病死者已達三千餘人。元軍處境不妙，搶佔博多灣的計畫已難以實現。因此，忻都等決定，於六月十五日率軍撤離志賀島，駛向壹岐島，與江南軍會師。

江南軍亦未能按期到達指定地點會師，延期後至。五月，征日行省偵知，靠近大宰府的平戶島守軍皆調至大宰府，應以該島作為兩路軍的會師地點。忽必烈將此情報通知兩路軍統帥阿剌罕，由他作出決定。阿剌罕決定於平戶島會師，後在六月初因病死去。忽必烈任命阿塔海代替阿剌罕職，由於人事更動，致使范文虎江南軍未能按期出發。范文虎於六月初已派出先遣艦隊去壹岐與東路軍聯繫，不幸這支先遣隊誤至對馬，以後始至壹岐。九州日本守軍知江南軍（尚不知是先遣軍）至壹岐，總指揮藤原經資率一部軍隊進攻壹岐。六月二十九日和七月二日，激戰兩日，日軍不敵，退走。

范文虎因先遣艦隊已發不宜久等，遂在阿塔海未到任的情況下，命江南軍於六月十八日分批開航。阿塔海於六月二十六日到慶元，這時江南軍已全部離港，所以阿塔海未能參加江南軍的指揮工作。江南軍在七月底全軍進入指定陣地，范文虎在與東路軍會師之前，所屬各軍尚未與日軍作戰。兩路大軍會師之後，七月二十七日開往鷹島，先頭部隊曾受到日軍船隊的截擊。《張成墓碑銘》載：

「賊舟複集，君整艦，與所部日以繼夜，鏖戰至明，賊舟始退。」

戰爭進行了一天一夜。天明，日軍撤退之後，范文虎與忻都等相議，「欲先攻大宰府，遲疑不發」。兩路大軍會師，軍勢大振，本應立即進攻大宰府，其所以遲疑不發者，大概是看到了颱風到來的前兆，「見山影浮波，疑暗礁在海口，會青蚍見於水上，海水作硫磺氣」等

等。元軍兩路統帥皆無海上知識，見颱風前兆不知躲避，如果當時退至平戶、壹岐、對馬或高麗，尚可保全。由於在海上「遲疑」了一天，遂招致全軍覆沒。

八月一日，颱風襲來，元軍船毀人溺，師喪大半。颱風過後江南軍張禧即乘船各處尋救元軍將士。江南軍總指揮范文虎艦碎，抱船板漂流海中，被張禧救起。張禧立即向他建議，據他瞭解，江南軍士卒未溺死者尚有半數，且皆為青壯戰士，可以重整旗鼓進行戰鬥，利用船壞將士義無反顧的心理，強行登陸，因糧於敵，擴大戰果。從當時形勢看，這個建議是可行的。但是，范文虎剛剛脫險，懾於颱風，已無鬥志，堅持回師。他對張禧說：「還師問罪，我輩當之，公不與也。」張禧只得分船於范文虎，收集殘卒共同班師。這時平戶島尚有被救起的 4000 軍卒無船可乘，范文虎命棄之不顧。張禧不忍，將船上 75 匹戰馬棄於島上，載 4000 軍卒回國。

第二次元軍侵日戰爭和第一次一樣，遭遇颱風而失敗。元世祖忽必烈準備數年的侵日戰爭，因用人不當，以致江南大軍 10 萬之眾，3500 艘戰艦，不見一陣，喪師而還。

范文虎回師後，被遺留在日本海島上的元軍士卒約 3 萬人，除一部分被俘外，大部被日軍殺害。

范文虎等回至元都，向忽必烈彙報時，編造一個彌天大謊：

至日本，欲攻大宰府，暴風破舟，猶欲議戰。萬戶屬德彪、招討王國佐、水手總管陸文政等，不聽節制輒逃去。本省載餘軍至合浦，散還鄉里。

范文虎和忻都等聯合欺騙忽必烈，既不彙報先期出師破壞軍事會議的會師日期，招致戰爭失利，又隱瞞了范文虎軍至平戶近一個月不

進行戰鬥的過失。同時，以在合浦散還鄉里的措施，掩蓋了颱風破舟溺人的慘狀。范文虎等把失敗的罪過，推到部下屬德彪身上，騙過忽必烈，而且受到賞賜。一年之後，於閭等人從日本逃回，忽必烈始知范文虎等的欺騙行為，非常震怒，立將征日軍大小將領，全部罷職。征東行省左丞劉國傑指出，「罪在元帥」，不要累及將校。實際上，罪在元帥一語，也包括忽必烈自己在內。

　　第二次征日失敗後，忽必烈不甘心這不可思議的失敗，又積極進行備戰，以圖再展帝國雄威，澈底征服日本，無奈英雄氣短，不等洗刷兩次征日失敗的恥辱，縱橫歐亞兩大洲的忽必烈飲恨東瀛，壯志未酬，於 1294 年死去。

　　於是，忽必烈征日在悲壯、宿命、神秘中結束了。

附錄二　甲午失敗的深層原因

　　現在，在澈底消化吸收中華傳統文明的基礎上，日本在亞洲最先成功嫁接了西方工業文明的許多現代化成果，它的各種戰爭經濟軍事文化體制、文化思想、工農業生產技術、科技教育事業和軍事力量都已遠遠領先於包括東亞千年老大中國在內的亞洲諸國。

　　在思想文化上日本對儒學進行清算，中華文化在日本的地位一落千丈。

　　到甲午戰爭前夕，日本蔑視中國達到高潮，明治政府對中華世界不屑一顧。《女學雜誌》發表如下社論：「勿言中國為大國。因何而知其不大國耳？答曰地理——面積三百四十九萬七千七百平方公里，人口四億二千三百八十八萬！可憫可笑！此面積至少將分裂為六、七國……如癱瘓，如殘疾，如中風之病人，苟血液不循因流於全身，則五肢雖大，豈能謂身軀高大焉？！中國亦如斯，其人民無統一之語言，其帝王頻繁更迭，君不見，正有數萬之同志正覬覦當今之帝位焉！？如此之邦，何謂大國？！悲夫！中國四百餘州，廣袤萬里，民千億，千古誇稱中華，然當前之末路竟已如斯。」

　　日本小學生唱著歌謠：「支那佬，拖辮子，打敗仗，逃跑了，躲進山裡不敢出來。」正是在這樣一種極端鄙視中華世界的情緒中，日本發動了甲午戰爭。

　　我們現在都已知道，中日之間的第四次較量以 1895 年甲午戰爭的慘敗為起始，整整持續了 50 年，這 50 年日本真是縱橫東亞大陸，殺

從鄭和的大航海時代到東瀛崛起

得中國屍山血海，一場八年抗戰中國即傷亡 3500 萬人，最後還是靠著二戰同盟國的共同勝利打敗了日本，中國為中日第四次持續 50 年較量的慘勝代價實在是太沉重了。

中國的洋務運動早在日本明治維新之前 11 年前就開始了，而且工業化的成果不可謂不大，直到甲午戰爭開始時，日本的鋼鐵、煤、銅、煤油、機器製造的總量都比中國低，當時日本共有工業資本 7000 萬元，銀行資本 9000 萬元，年進口額 1.7 億元，年出口額 4000 萬元，年財政收入 8000 萬元，這些指標除了進口量與中國相當外，其他都低於中國（人均比中國高），這說明當時日本的經濟實力和中國一樣並不強盛，畢竟戰爭打的是國家整體實力，而不是國民人均財富的多寡。

從軍事上看，日本在甲午戰前的 1、20 年裡，竭舉國之力提升軍事實力，尤其重視海軍建設，到 1893 年，擁有軍艦 55 艘，排水量 6.1 萬噸，與中國海軍主力北洋艦隊相當（中國還有廣東、福建水師）。日本常備陸軍 22 萬人，總兵力不到中國的一半，武器裝備也相差不大。那麼中國為什麼在甲午一戰敗得那麼慘？

首先，爛樹上結不出好果子。

晚清已是中國兩千年封建王朝所有積毒一起迸發的末世，政治上皇權獨裁，經濟上原始落後，軍事上戰力低下，文化上保守八股，思想上愚昧無知，各項封建體制都已爛入骨髓，想在這樣一種混亂制度上發展出現代化工業國家，全能耶和華也只好哭著說我做不到一樣。

而日本明治維新卻相當程度地注重典章制度與思想、觀念方面的改革。注重個體自由和人權。在 1868 年公佈的「五條誓文」：就規定了人民享有言論和思想自由（自文武百官以至庶民，務使各遂其志，人心振奮），甚至激進到了 19 世紀 70 年代中期就在日本形成了一定規

模的反政府團體和人權組織，這種國民思想解放促進了資本主義內閣制的形成。

明治維新廢藩置縣，摧毀了所有的封建政權，同年成立新的常備軍。1873 年實行全國義務兵制和改革農業稅。在 19 世紀 70 年代中期，受西方自由主義思想影響的日本民權論者要求實行立憲，召開議會，萬事決於公論（廣興議會，萬機決於公論）。明治政府在 1885 年實行內閣制，翌年開始制憲，1889 年正式頒佈憲法，1890 年召開第一屆國會。在政治改革的同時，也進行經濟和社會改革。至於社會、文化方面的改變，隨著留洋知識份子（伊藤博文、大隈重信、新渡戶稻造等）吸收並引介西方文化與典章制度進入日本，以及眾多現代化事物的引進，「文明開化」的風潮逐漸形成，對於原本傳統而保守的日本社會造成了很大的影響。日本不只物質需求與生活習慣上出現西化的轉變，在教育系統與社會組織的廣泛推行下，思想與觀念上也逐漸有了現代化的傾向（例如守時、衛生、遵守秩序等概念與西式禮儀）。

日本經濟和工業化的真正成功其實是奠定在明治維新做出這些根本性的制度上改革的。

而滿清呢？以大學士倭仁為首的頑固派，高唱「立國之道，尚禮義不尚權謀，根本之圖，在人心不在技藝」，主張「以忠信為甲冑，禮義為干櫓」，抵禦外侮。他們攻擊洋務派學習西方先進生產技術是「陳甚高，持論甚正」，然而「以禮義為干櫓，以忠信為甲冑，無益于自強實際。2、30 年來，中外臣僚正由於未得制敵之要，徒以空言塞責，以致釀成庚申之變」。

洋務運動 30 年間，頑固派與洋務派一直互相攻擊，鬥爭十分激烈。

而且就連主張學習西方先進生產技術的洋務派領袖本人，也從未意識到先進的政治制度與發展經濟和工業化之間的關係。

曾國藩最初的理論是「制勝之道，在人不在器」，認為人的主觀能動性能戰勝一切。

李鴻章進步了一點，認識到西方「大炮之精純，子藥之細巧，器械之鮮明，隊伍之整齊，實非中國人所能及」，「洋兵數千，槍炮併發，所當輒靡，其落地開花炸彈，真神技也」，「西人專恃其槍炮輪船之精利，故能橫行於中土，中國向用之弓矛小槍土炮，故不敵於彼等，是以受制於西人」，可見李鴻章的認識水準的確又比曾國藩高了一點，就是高到「唯武器論」那個份上了！

而對於當時落後封建體制的看法呢？雖然李鴻章驚呼中國是「三千餘年一大變局」，但「中國文武制度事事遠出西人之上，獨火器萬不能及」的話，反映了他的「以綱常名教為本，輔以諸國富強之術」的中體西用的洋務思想，所以李鴻章埋頭搞了一堆軍工企業，最後還是因為體制的原因被外國人炸光搶光毀光。

當曾、李二人終於認識到封建制度的腐敗時，都已深深感到了個體對抗整個體制的無力。所以當曾國藩機要幕客趙烈文指出：「天下治安一統久矣，勢必馴至分剖。然主威素重，風氣未開，若非抽心一爛，則土崩瓦解之局不成。以烈度之，異日之禍必根本顛僕，而後方州無主，人自為政，殆不出五十年矣。」

趙烈文說以現在滿清這種狀況，50 年內中國必將四分五裂，軍閥混戰。

曾國藩沉默良久，最後終於向自己的心腹低歎了一句心裡話：「吾日夜望死，憂見宗之隕。」

曾國藩說這話時是 1867 年 7 月 21 日，僅僅 44 年後，1911 年 11 月 10 日，辛亥革命就爆發了。

而一直對中國封建制度自信滿滿的李鴻章更慘，在甲午戰敗後的第二年，李鴻章帶著中國第一個政府級別的大出使團踏上了赴西方考察的道路，此時距 1871 年日本出使團訪問西方學習已經 25 年，當看到真實的西方情景時，李鴻章這位一生以中國文化為自豪的老人心情之淒涼可想而知，李鴻章辦洋務，「上受制於腐敗之清廷，中受制于保守之同僚，下受制於愚昧之國人」。當他拜會一直很仰慕的德國鐵血宰相俾斯麥時，也只能低歎：「在我們那裡，政府、國家都在給我製造困難，製造障礙，不知道怎麼辦。」

被德皇貶下來的鐵血宰相當然也不好多說什麼，只能開導兩句，中德這兩位都曾權傾天下的大臣此時心中想必都是相當感傷，最後告別時，李鴻章終於忍不住說了一句推心置腹的話：「對我目前遇到的阻力，我已經無力了。」被賦閒在家的俾斯麥只好再開導一句：「您過於低估了自己。對於一個國家人物來說，謙虛是非常好的品德，但是一個政治家應該有充分的自信。」

已經風燭殘年的李鴻章聽到這話的感覺恐怕只能是想哭，僅僅 5 年後，李鴻章在「老來失計親虎狼」的遺憾中，留下一首極其傷感的詩後溘然辭世：

勞勞車馬未離鞍，臨事方知一死難。
三百年來傷國步，八千里外吊民殘。
秋風寶劍孤臣淚，落日旌旗大將壇。
海外塵氛猶未息，請君莫作等閒看。
逝時雙目圓睜，久久不閉（雙目炯炯不瞑）。……

「我辦了一輩子的事，練兵也，海軍也，都是紙糊的老虎，何嘗能實在放手辦理？不過勉強塗飾，虛有其表，不揭破猶可敷衍一時。如一間破屋，由裱糊匠東補西貼，居然成一淨室，雖明知為紙片糊裱，然究竟決不定裡面是何等材料。即有小小風雨，打成幾個窟窿，隨時補葺，亦可支吾應付。乃必欲爽手扯破，又未預備何種修葺材料，何種改造方式，自然真相破露，不可收拾，但裱糊匠又何術能負其責？」

——李鴻章

造成這一切失誤最大的責任人當然是被國人痛罵至今的慈禧太后，滿清政府在遭受了兩次鴉片戰爭的打擊和太平天國運動的一系列打擊後，慈禧的寶座已搖搖欲墜，以她為首的頑固派惶惶不可終日，早已不再枉自尊大，為了自己的權利不受損害，因此對曾、左、李他們的洋務作為雖然心存疑慮，但只是行使了保留意見的權利而暫時默許。洋務派搞企業發展經濟可以，但如果發展經濟觸及到了國家體制和個人地位，慈禧是不會吝嗇一切手段進行鎮壓的。

西太后這人，搞經濟不行，搞軍事不行，搞文化不行，搞教育不行，搞權術還是行的，而且還是挺行的，連曾、左、李如此人物都被其支使得無可奈何，不能不說她沒有整人的本事，連光緒皇帝真想變法救國，請老母退休的念頭剛起，自己倒被迫退了休。中國歷史學家這樣栩栩如生地描述了當時中國最高統治者的手段：

慈禧不允許洋務派的權力過度擴張。她之重用曾、左、李等人，固然是由於她曉得他們都願做「忠臣孝子」，不會作「悖逆」之事，但是為了避免尾大不掉，她依然對他們有所防備。鎮壓了太平天國，曾國藩立刻將很大一部湘軍解散，這當然是懾於慈禧的淫威，以免引來殺身之禍。事實證明，他這樣做也確實契合慈禧的心願。左宗棠率軍

西征，一舉消滅了阿古柏之後，又緊密佈防，準備打擊沙俄的侵略，恢復伊犁。有人就對他開始了攻擊，說他擁重兵巨餉，不顧國事全域。慈禧也就趁機下令，將他調回，削奪了他的軍權。從 1870 年起，慈禧就任命李鴻章為直隸總督兼北洋通商大臣，前後共達 25 年之久，每有要政，總要徵求他的意見，但是她一直未讓李鴻章進軍機處，並竭力培植李鴻章的政敵。經常有人對他進行彈劾，同他抗衡，就闡明了這一點。

對慈禧專權要脅最大的是恭親王奕訢。所以在推倒八大臣之後不久，慈禧和奕訢之間就產生了異常尖銳的矛盾。1865 年慈禧借禦史蔡壽祺上奏彈劾奕訢之機，親自寫了一道錯字連篇的硃諭，給奕訢加上了兩大罪名：一是「辦事徇情貪墨，驕盈攬權，多招物議」；二是「妄自菲薄，諸多狂敖（傲），以（依）仗爵高權重，目無君上」。其中心意義只要一個，就是奕訢遇事好自作主張，不能對她百依百順，馴良如羊。因而，將他的「議政王」頭銜予以取消。1874 年，奕訢由於帶頭反對修復圓明園，又遭到嚴責，差一點丟了腦袋。到了 1884 年，當左庶子宗室盛昱又以在越南問題上對法國交涉失機為理由而參劾軍機處時，慈禧便一下子撤換了全部軍機大臣，開去了奕訢的一切差使，組成了一個唯她之命是從的軍機處，構成了她一人獨霸朝廷的場面。慈禧的獨斷與弄權，使洋務派都處處縮手，畏懼不前。

終年閉居深宮的慈禧，既沒有近代化的科學學問，也沒有近代化的思想認識。她對洋務事業的支持與否，全憑其高度政治敏感性，看是否對她的封建專制統治有利，特別是對那些作為封建統治支柱的政治制度和思想體系，她都不擇手腕加以維護，只允許在舊的封建專制主義的根底上，添加一些在她看來可以增強其統治的近代化的新工具

和新技術。超越這個界線的,她都堅決反對,但慈禧這套中國人最擅長的權術本事卻無法指使洋鬼子啊。

而中國甲午戰敗的第二個原因,所有的學者都一致認為是封建專制造成的中國全域性的腐敗墮落。這種驚人的腐敗從慈禧太后開始,到李鴻章,到滿清政府採購外國軍火的官員、福州船政局的管理人員,再到北洋艦隊的下級官兵簡直人人皆貪,個個皆腐、甚至北洋艦隊修造軍船的工人都要弄點邊角餘料回家撈點外快!

慈禧太后挪用海軍軍費修造頤和園祝壽,這幾乎是中國舉國皆知的事,她到底挪用了多少海軍軍費造園呢?較為接近的數字有 3 種:1200 萬至 1400 萬兩之間,600 萬兩到 1000 萬兩之間,860 萬兩,即使按 860 萬兩算,這個數字意味著什麼呢?北洋海軍主力鐵甲艦定遠、鎮遠兩艦購置經費是 247 萬兩,也就是說,慈禧拿去造園的海軍經費還可以再造 7 艘定遠那樣的鐵甲巨艦,而決定中國 50 年國運的黃海大海戰中,中國方面只要再多一艘鐵甲艦參戰,戰爭的結局很可能是另一個結果!

所以慈禧造園,北洋艦隊在甲午戰前 7 年竟未購一艘新艦!朝廷停止購艦的消息剛一傳出,孤懸海外、對日本野心一清二楚的臺灣巡撫劉銘傳就痛哭起來,跌足歎道:「人方我,我乃自決其藩,亡無日矣!」

在中國太后挪用海軍軍費造園的同時,日本在幹什麼呢?日本以天皇帶頭,舉國捐款造海軍!

1887 年,甲午開戰前 8 年,日本參謀本部第二局局長小川又次大佐制定了《清國征討方略》,其中討論了中日開戰的時間,主張要在中國實現軍隊改革和歐美各國擁有遠征東亞的實力之前,即在 1892 年前

完成對華作戰的準備，設想日本要吞併北平以南的遼東半島、膠東半島、舟山群島、澎湖列島、臺灣以及長江兩岸十里左右的地方。同年 3 月，天皇下令從內庫撥款 30 萬元，作為海防補助費，這是日本天皇的私房錢！全國貴族和富豪也競相捐款，至 9 月底，捐款數達到 103.8 萬元。這些資金全被用作擴充海軍軍備。1890 年到 1893 年 4 年間，日本軍費占國家財政預算的平均比重為 29.4%，其中 1893 年達到 32%。

慈禧這樣腐敗的國家領導人，能帶出一支怎樣的官僚體系呢？歷史記錄中說：

大清國走到 19 世紀中葉的時候，已是千瘡百孔了，其中腐敗的大漏洞，就足以致命。

就拿購買武器裝備這一點來說吧，買武器裝備用的錢可不是三瓜兩棗的，要用一大筆錢，讓握有採購軍火大權的人幾乎沒有不貪的。一支洋槍市場價格不過 2 兩銀子，但是廣東地方政府卻報價 6 兩。江南機器製造局從一成立，就虛報各種費用，然後把差價塞進自己腰包。當時就有人說，只要在機器製造局管事一年，終身就可享用不盡了。沈葆楨提出的船政大臣「七難」之一，就是擔心具體的承辦人員「先飽私囊」。有權力的人腐敗，那些普通的工匠也想方設法地撈便宜。沈葆楨說，就是「內地工匠專以偷工減料為能」。

反對中國加強海防和建立近代海軍的劉錫鴻，攻擊力挺海防和建立海軍一派的觀點之一，就是在內政改革還沒有完成、腐敗之風沒有遏止的前提下，加強海防與建立近代海軍，就是瘦了國家，肥了個人。

據說，在大清國建立一支艦隊所花費的成本，要比日本建立一支艦隊的成本高出將近一倍。而這中間很多錢，不是花在國防上，而是讓人給塞進自己的腰包了。

　　而外國資料則記載：英國怡和商行低價向中國出售阿姆斯壯炮：這個行家要付 1 萬 2 千兩給它的代理行蒲德爾，同樣多的費用給領事，和至少雙倍於此的費用給中國領事！

　　外國資料還記載：中國購一顆 12 磅炸彈需要 30 兩銀子，用銀子做外殼的炸彈都比這個價便宜！

　　而親手組建北洋海軍的統帥李鴻章呢？他可以將戰爭失敗歸結於整個體制落後，但他永遠沒辦法推卸掉自己貪污腐敗對艦隊覆沒造成的那份重責。

　　曾國藩治軍，從組建湘軍起就宣導「忠義血性」，左宗棠的清廉有口皆碑，兩人都非常注重精神力量對軍隊戰鬥力的影響，結果兩人都帶出了一支英勇善戰的軍隊和一支高級將領總體來說非常清廉的軍官團。

　　李鴻章呢？他只注重糧餉和金錢刺激驅使官兵，北洋海軍軍官的收入高於同級綠營軍官都是以倍計算的。北洋總兵 3960 兩，綠營總兵年收入 2011 兩，1.97 倍；海軍提督 8400 兩，綠營提督年收入 2605 兩，3.2 倍；海軍參將 2640 兩，綠營參將 743.3 兩，3.55 倍；海軍副將 3240 兩，綠營副將年收入 1177.4 兩，2.75 倍。

　　連北洋的士兵餉銀都高於綠營倍計，剛入伍的三等練勇，月餉就為 4 兩，一等水準 10 兩，一等炮目 20 兩，魚雷匠 24 兩，電燈匠 30 兩，連在岸當差的夫役也有 3 兩。而當時一個寧波紗工的年工資為 13 兩至 23.5 兩，一戶自耕農年耕種收入在 33 至 50 兩之間，就是說北洋海軍一個夫役的最低收入，已達到中國當時普通農戶或工人中等以上收入！

　　李鴻章本人身後據說更是遺下 4000 萬兩銀子！

結果這支用金錢刺激出來的軍隊成了什麼樣呢？

《中國近代海軍興衰史》是這樣記述的：

有個外國人揶揄說，有許許多多府台、道台以及諸如此類的官員棲息在中國海軍的索具上。事實上，棲息在中國海軍索具上的外國人也不少。另一位觀察家注意到：「常年有許多買賣的代理人，川流不息地從各地區和海洋上的各島嶼走向天津的總督衙門。其中有出賣槍炮的人；有出賣回輪手槍、軍需品、劍、馬兵裝備、步兵裝備、炮兵裝備、藥品、外科器具、膏藥、裹傷紗布、繃帶、病院設備、帳幕、旗子、火藥與炸藥的人。」

為了達到推銷商品的目的，他們和李鴻章的「部屬及翻譯結交朋友，他們賄賂李的幕客和門房。他們拜會李的廚師，奉承他的理髮匠。他們尋求領事甚或外交官們的援助。他們花了錢，有時是斯文地送些貴重的禮品，有時是更直接更粗魯地進行賄賂」。

北洋海軍官兵都受過正規的海軍訓練，然而在19世紀90年代頭幾年的歌舞昇平氣氛中，紀律明顯鬆弛。根據《北洋海軍章程》規定，除了海軍提督以外，總兵以下各官，皆終年住船，不建衙，不建公館。然而事實上卻非如此。我們從著名逃將方伯謙自訂的《益堂年譜》中得知，他於光緒十一年在福州朱紫坊購下房屋，十三年五月蓋威海屋，十四年四月又在威海蓋「福州式屋」，八月蓋煙臺住屋，十一月落成，次年春「搬入住」。十七年二月，又記有「劉公島寓」。從實際情況來說，不允許高級軍官在岸上建立個人住宅顯然是不人道也是不現實的，但造得如此之多，卻顯示出方伯謙確實有錢。同時，他娶有兩房姨太太，在艦隊常去之地，分別金屋藏嬌。將士們紛紛移眷劉公島，晚上上岸住宿的人，一船有半。丁汝昌（艦隊司令）本人更

是在島上起蓋鋪屋出租,收取租金,並同方伯謙在出租房產上發生齟齬。甚至與方伯謙同溺一妓,妓以丁年老貌劣,不及方之壯偉,誓願嫁方,丁百計經營無能如願。丁汝昌還自蓄家伶演戲,生活驕奢淫逸。

毫無疑問,丁汝昌對於北洋海軍建設起過重要作用,簡單地說丁是陸軍將領出身而任海軍提督就是一大錯誤並不公允。從現存的丁汝昌函稿中,可以看到他從軍艦彈藥、燃料保障、航道疏浚,到人事調動、薪水發放等海軍日常管理事務,無不親力親為,傾注了大量精力。但丁汝昌不能以身作則、嚴格治軍,導致艦隊管理混亂,卻是不爭之事實。

1888 年 6 月,北洋海軍派艦參與鎮壓臺灣呂家望番社起事,事定之後,各地要求在請功奏摺中附帶保薦各自子弟親朋的開後門信件紛至遝來,如九秋落葉,掃卻不盡,丁汝昌告訴臺灣巡撫劉銘傳:「故每有托函當即婉謝,怨之言所不敢計也。」

然而他自己,也寫條子給劉:「餘中子年已及冠,雖經童試,難以成名。昨承友人顧念,為捐江蘇縣丞,擬懇憲台附入後山案內,賞保一階。……第以晚年一線之延,得不代圖地步,為日後生髮之路。」就是說這位艦隊司令一邊發牢騷找自己走後門的人太多無法應付,一邊自己為兒子走後門。為自己的兒子走後門弄個官當,雖是舔犢之情,反映的是清朝軍隊立功獎勵制度的失范,每次慶功請獎,必然濫用權力,夾雜進大批無關人員,與朝廷玩一場移花接木的遊戲。當事人明知別人無恥,卻輕易地原諒自己。軍隊獎懲制度被褻瀆了,軍人的榮譽和責任感也就一錢不值。

上有所好,下必甚焉。相習成風,視為故態。每當北洋封凍、海軍例巡南洋時,官兵淫賭於香港。北洋海軍還用軍艦載客跑運輸掙

錢，甚至利用軍艦的豁免權，從朝鮮走私人參。另外，軍艦應發之餉、應備之物，例由各管駕官向支應所領銀包辦，弊端由此而生。各船每月包乾的數百兩行船公費，為購置打油、機器房車油、棉紗繩，以及油船所用，管帶常私扣歸自己，致使船艙機器擦抹不勤，零件損壞，大炮生銹。吳趼人在小說《二十年目睹怪現狀》中揭露，南洋兵船在上海一家專供兵船物料的鋪家買煤，賬上記 100 噸煤價，實領 2、30 噸。給店裡二成好處，管帶就貪污那餘下的煤款，所以「帶上幾年兵船，就都一個個地席豐履厚起來」。這種情況，北洋海軍自然也不能避免。

北洋海軍腐敗到什麼程度？

腐敗到工人也要往家裡偷造軍艦的邊角餘料！

舉個例子，在後來成軍的北洋艦隊，一個修理所的工匠月薪 3 兩白銀，但是實際生活水準遠遠高於一般工人。北洋艦隊旅順修理所工人楊貴光自己就與親人竊語：「時常帶些雜鐵，售于鐵匠釘馬掌，也有些許進項。」

這就叫上行下效！

清廷軍隊慘敗甲午還有第三個重要原因，這就是不像日本軍隊那樣具有真正謙虛好學的精神。一支現代化的海軍不是光靠買軍艦就能組建的，當時一位外國人針對滿清外購軍艦評論：「只要中國有錢，全世界會把最先進的軍艦搶著賣給中國人，但中國人不管花多少錢也買不到訓練有素而又忠誠的職業軍官和水準。」

中國海軍有這個問題，剛組建的日本海軍當然也面對這個問題，於是兩國海軍不約而同請起了外教搞傳幫帶，那麼，雙方是怎樣對待洋老師的呢？

　　清國海軍請來的北洋海軍總查（總教習，訓練部部長）是英國海軍中校琅威理，這是一位極其優秀的職業海軍軍人，回國後任英國預備艦隊司令！

　　琅威理在華期間，治軍精嚴，認真按照世界最先進的英國海軍條令訓練中國海軍，中國史料記載他「終日料理船事，刻不自暇自逸。」甚至上廁所時都「猶命打旗語傳令」。

　　由於琅氏訓練嚴酷，北洋艦隊戰鬥力上升極快，他在任期間，是北洋艦隊戰鬥力最強的黃金時代，當時北洋艦隊水兵中甚至流傳著「不怕丁軍門，就怕琅副將」的言語。而且琅威理不但忠於職守，還忠誠所效力的中國海軍。1885 年中國訪日艦隊水兵與日本浪人和巡捕在長崎發生流血衝突後，琅威理當即建議炮轟長崎警告日本，此事是非不論，卻可見琅威理是非常忠誠地在為中國海軍現代化建設效力。

　　可是，這樣一位真正的職業軍官怎麼可能見容於晚清官場？

　　琅氏上任初期，中國海軍的士官生們還知道技不如人，尚能服從琅氏管理，等到自己升上管帶（艦長）後，就自覺無所不知，開始排擠琅威理了，像琅威理這種真正的軍人自然是看不慣北洋水師中的派系之爭。

　　前面已經說過了，中國海軍當時已經形成了由福建船政學堂學生組成強大的閩人系統，連艦隊司令丁汝昌都被艦隊閩系首領劉步蟾架空，琅威理怎麼看得慣這個，大英帝國的海軍沒有「牛津」系、「劍橋」系的啊，而且軍官拉幫結派肯定影響戰鬥力的啊！所以琅威理上書李鴻章，提出「兵船管駕，不應專用閩人」。於是北洋艦隊有人認為琅威理是侵略主義者，趾高氣揚，目空一切。

　　於是，中國海軍軍官用一次「撤旗事件」侮辱了琅威理，將自尊

心極強的琅威理逼走，「海軍之建也，琅威理督操綦嚴，軍官多閩人，頗惡之。右翼總兵劉步蟾與有違言，不相能，乃以計逐琅威理。」「眾將懷安，進讒于李傅相（鴻章）而去之」。

結果琅威理回國後「逢人訴其在華受辱」倒也罷了，失去了這位嚴格的訓練總監，給北洋艦隊造成了不可彌補的損失，甲午慘敗後，中國又想請回琅威理，可惜已經做不到了。

中國歷史學者姜鳴在《龍旗飄揚的艦隊——中國近代海軍興衰史》中記道：

琅威理走後，北洋海軍的訓練和軍紀日益鬆懈，操練盡弛。自左右翼總兵以下，爭挈眷陸居，軍士去船以嬉。每當北洋封凍，海軍例巡南洋，率淫賭於香港、上海，更顯得撤旗事件像是一場悲劇的開端。赫德說：「琅威理走後，中國人自己把海軍搞得一團糟。琅威理在中國的時候，中國人也沒有能好好利用他。」痛失嚴師明師，這不能不說是中國近代海軍發展史上的一個慘痛的教訓。

而日本海軍是怎樣對待自己老師的呢？姜鳴寫道：

作為對比，日本海軍也是英國人一手訓練起來的。皇家海軍的英格斯上校為日本海軍建設作出了很大貢獻。英格斯本人回憶說，他在日本服役時，日本政府曾封贈他為貴族，使他能有足夠的權力和地位，以與日本的高級將領接觸。日本海軍從英國人的教育中得到極大的好處。當他們認為有理由獨立行走時，歐洲軍官便體面地告退。而日本人「堅持走著他們在英國的指導下踏上的道路，他們不僅使艦隊保持著英格斯離開時的面貌，而且更趨完善了」。

對於幾乎同時起步的中日兩國海軍，沒有理由簡單地認為，列強對中國就是要控制，對日本人就是要扶持。經歷了一個世紀的風風雨

雨，後人有必要對這段歷史進行反思，並從中探尋有益的啟迪。

而北洋海軍內的派系之爭，甚至已導致中國海軍內部最優秀的軍人受到排擠，甲午戰前，有人控告廣東籍高級將領、致遠艦管帶鄧世昌鞭死水兵，閩系首領劉步蟾力主追查，最後實在找不到屍體，才被自己也被閩系軍官排擠得日子艱難的艦隊司令丁汝昌做和事老壓了下去，而鄧世昌被誣告的原因：「不飲博，不觀劇，非時未嘗登岸，眾以其立異，益嫉視之。」

在瘋子的國度，清醒者才是瘋子。

而日本人更令人欽佩的是他們從古至今一以貫之的自主創新精神，請來外籍老師後，立刻拼命學習，同時大力培養自己的人才，歷史資料殘酷地記錄了中日兩國不同的人才培養政策造成的不同結果。

在人才和技術的引進上，洋務派雖然也說過「借才異域」是不得已的權宜之計，「並非終用洋人」，購買器械是為了「師其所長，奪其所恃」，但實際行動卻是事事仰賴于外國侵略者。

兩種不同人才引進的方法和道路，導致中日兩國在人才上出現了很大的反差。甲午戰爭前，日本在各類技術管理人才上，已開始逐步自給。據統計，1874 年和 1875 年，明治政府聘請的外籍人員超過了 500 人，到 1880 年便減少到 237 人。如鐵路系統，1874 年和 1875 年，聘請的外籍人員是 1 十多人，1883 年便減少到十餘人；鐵路的管理和建設，分別於 1879 年和 1883 年，由日本人取代。1887 年東京大學初建時，學校教師多為外籍人員，但到 1886 年帝國大學工科大學成立時，外籍教師則僅有 4 名，本國教師增至 18 名（轉引自《天津社會科學》1985 年第 2 期）。軍事系統的情況是：陸軍「各種學校不復須外國教師」；海軍「軍政之經營不復顧問外國人」；造船業也是「日本技

術專家專任其工，不復借外國人之助」。(《開國五十年史》) 人才的自立自主給技術的發展以有力推動。1880 年，日本就發明了適合本國人體型的村田步槍，並逐漸成批生產，1888 年被規定為全軍統一使用的武器，這就是大名鼎鼎的三八式！ 1887 年發明了褐色六棱火藥。1892 年又創制了 47 毫米的速射炮和朱式魚雷。

　　與日本的情況相反，中國雇請的外國人，不僅不是逐步減少，而是日益增加。初步統計，晚清雇聘的外籍人員（不包括海關人員），20 世紀前為 60 多人，20 世紀的十餘年則為 680 多人。如輪船招商局在 19 世紀 80 年代，雇請洋員 144 人，經過近半個世紀後，到 1938 年還是全部雇請洋人，船長幾乎全部由洋員充任。江南製造局從一開始就由美國旗記鐵廠的老闆任全域總管，下屬各主要分廠的廠長由洋員擔任。到了 1906 年，「廠中事務，皆系巴斯主政，故各項工作，均受成于外人，中國員司所能辦之事，今亦有由洋員辦理者」。

　　巴斯離任後，「由彼引用之洋員毛耕主持一切，各項價目，悉由核報」。這就不僅說明，江南製造局在技術上長期依賴洋員，而且生產經銷大權和行政管理大權也為洋員所操縱。電報局更是掌握在洋員手中。

　　海軍的情況連奕劻也不得不承認：「僅藉洋人充船主、大副等緊要司事，終是授人以柄，不得謂之中國海軍。」其他企事業單位也有類似情況。當時就有人批評洋務派是「綜理一切，統用西人，絕不思教養華人以漸收其權利」。一切依賴洋人，壞處很多，不能指望老外個個都是白求恩對吧？

　　洋務派仰人鼻息的結果，不僅引進的技術設備陳舊，而且生產中仍用舊法不改。當時洋務派中就有人指出，福建船政局所用的，是法國的舊法；江南製造局所用的，是英國的舊法；北洋船塢、海軍機器

各局所用的，是英、德兩國的舊法。加法配鑲，絕無創新。

軍事工業產品，也多半品質低劣，「試造之炮，炮身不長，機器不靈，施放過遲，一點鐘止能放七八炮」。生產出來的「小船只能供給海軍巡緝之用；太平年月無用，戰爭起時是廢物」。生產技術始終停滯在落後的階段。這就使得整個洋務運動期間，洋務派所辦民用性企業成效甚微，不能達到「求富」目的；所辦軍事工業生產的武器和所建新式海陸軍，只能鎮內寇，不能禦外侮，結果在對外戰爭的關鍵時刻，龐然大物的北洋艦隊全軍覆沒，洋務運動澈底破產。

福州船政局也許是中國晚清先進的工業企業。船政局是作為以機械和效率為基礎的西化企業來設計的，在重要的車間和結合部都由帶有轉盤的纜車軌道來帶動。船政局的目標是在 1868 年和 1875 年之間為中國建成一支小型的現代艦隊，計畫建造 19 艘 80 到 250 馬力的船隻，這其中，13 艘是 150 馬力的運輸船。在這期間，總共建造完成了 16 艘船。1869～1875 年在沈葆楨主持期間，完成了 10 艘 100 馬力的運輸船，以及一艘作為樣品的 250 馬力輕型巡洋艦。9 艘 150 馬力的運輸船每艘花費了 16.1 萬兩白銀（合 22.4 萬銀元），5 艘 80 馬力的船隻花費超過 10.6 萬兩白銀（14.7 萬銀元），而那艘巡洋艦花費了 25.4 萬兩白銀（合 35.3 萬銀元）。

像江南製造局一樣，我們也拿福州船政局與橫須賀船廠進行比較。後者在 1865 年開始一項 130 萬兩白銀（合 180 萬銀元）的為期 4 年的預算，比較一下，5 年內投入福州船政局的有 400 萬兩白銀（合 560 萬銀元）。橫須賀的真實花費實際上雙倍超出了預算，而福州船政局從 1866 年到 1874 年花費了就有 540 萬白銀（合 750 萬銀元）。到 1868 年，橫須賀已經建造完成了 8 艘船，更有 11 艘以上船隻在建造過

程中。

在 1860 年代和 1870 年代，清政府總體上領先於日本所做的現代化努力，在造船技術上，80 年代以前，日本的造船水準不如福建船政局，但不到 5、6 年就迅速趕上和超過，不僅造船數遠遠超過中國，而且還能造 3000 噸的新式快船和 4000 噸的鐵甲艦。其他各種民用工業的技術也多有發展。甲午戰爭前，日本已初步建成為一個資本主義農業工業國。

中國先於日本「明治維新」11 年發起的洋務運動衝擊現代化取得的起步優勢，就是這樣一點點地在中國自己的腐敗與墮落中失去的。

中國就是這樣因為腐敗和墮落一步步墜進近代史的血海中。

更多精采史話，敬請期待下集

從鄭和的大航海時代到東瀛崛起

參考書目

1.《菊花與錨》 劉怡　閻京生 ————— 武漢大學出版社

2.《北洋海軍艦船志》 陳悅 ————— 山東畫報出版社

3.《大國崛起日本篇》 中國中央電視臺 ————— 中國民主法制出版社

4.《軍人生來為戰勝》 金一南 ————— 解放軍文藝出版社

5.《龍旗飄揚的艦隊》 姜鳴 ————— 三聯書店

6.《日本武士道》 張萬新 ————— 南方出版社

7.《火與劍的海洋》 宋宜昌 ————— 上海科技普及出版社

8.《豐臣家的人們》 司馬遼太郎 ————— 外國文學出版社

9.《決戰海洋》 宋宜昌 ————— 上海科技普及出版社

10.《東方的「西方」》 劉景華主編 ————— 中國文史出版社

11.《大洋角逐》 宋宜昌 ————— 湖南人民出版社

12.《沉沒的甲午》 陳悅 ————— 鳳凰出版社

13.《風暴帝國》 宋宜昌　倪建中主編 ————— 中國國際廣播出版社

14.《東洋梟雄》 司馬遼太郎 ————— 河南人民出版社

15.《輝煌帝國的軍事視角》 宋宜昌 ————— 山東人民出版社

16.《明朝那些事兒》 當年明月 ————— 中國海關出版社

17.《左宗棠傳》 左景伊 ————— 華夏出版社

18.《大國的興衰》 保羅‧甘迺迪——————————— 世界知識出版社

19.《中外諜海縱橫》 李銀橋 張邊強 華乃強——————— 農村讀物出版社

20.《德川家康》 司馬遼太郎————————————————— 重慶出版社

21.《織田信長》 古木————————————————————— 中國工人出版社

22.《武田信玄》 古木————————————————————— 中國工人出版社

另有《艦船知識》、《軍事史林》、《軍事歷史》、《世界軍事》等期刊。

海魂—從鄭和的大航海時代到東瀛崛起

作　　　者	李峰、薩蘇
發 行 人	林敬彬
主　　編	楊安瑜
編　　輯	陳亮均
美 術 編 排	于長煦
封 面 設 計	王雋夫

出　　版　　大旗出版社　行政院新聞局北市業字第1688號
發　　行　　大都會文化事業有限公司
　　　　　　11051台北市信義區基隆路一段432號4樓之9
　　　　　　讀者服務專線：(02)27235216
　　　　　　讀者服務傳真：(02)27235220
　　　　　　電子郵件信箱：metro@ms21.hinet.net
　　　　　　網　　　　　址：www.metrobook.com.tw

郵 政 劃 撥　14050529 大都會文化事業有限公司
出 版 日 期　2012年3月初版一刷
定　　價　　280元
I S B N　　978-986-6234-36-1
書　　號　　History 36

Chinese(coplex)copyright c. 2011 by Banner Publishing,
Metropolitan Culture Enterprise Co., Ltd.
4F-9, Double Hero Bldg., 432, Keelung Rd., Sec. 1,
Taipei 11051, Taiwan
Tel:+886-2-2723-5216　Fax:+886-2-2723-5220
E-mail:metro@ms21.hinet.net
Web-site:www.metrobook.com.tw

◎本書原書名為《中國海魂》，由湖北天一國際文化有限公司授權繁體字版之
　出版發行。
◎本書如有缺頁、破損、裝訂錯誤，請寄回本公司更換。

國家圖書館出版品預行編目資料

海魂／李峰、薩蘇合著. -- 初版. -- 臺北市：大旗出
版：大都會發行, 2012.03
　　面；　公分. -- (History-36)
ISBN 978-986-6234-36-1 (平裝)

1.海軍 2.軍事史 3.近代史 4.中國

597.92　　　　　　　　　　　　　101000381

大都會文化　讀者服務卡

書名：海魂—從鄭和的大航海時代到東瀛崛起

謝謝您選擇了這本書！期待您的支持與建議，讓我們能有更多聯繫與互動的機會。

A. 您在何時購得本書：_____年_____月_____日

B. 您在何處購得本書：_____書店，位於_____(市、縣)

C. 您從哪裡得知本書的消息：
　　1.□書店　2.□報章雜誌　3.□電台活動　4.□網路資訊
　　5.□書籤宣傳品等　6.□親友介紹　7.□書評　8.□其他

D. 您購買本書的動機：（可複選）
　　1.□對主題或內容感興趣　2.□工作需要　3.□生活需要
　　4.□自我進修　5.□內容為流行熱門話題　6.□其他

E. 您最喜歡本書的：（可複選）
　　1.□內容題材　2.□字體大小　3.□翻譯文筆　4.□封面　5.□編排方式　6.□其他

F. 您認為本書的封面：1.□非常出色　2.□普通　3.□毫不起眼　4.□其他

G. 您認為本書的編排：1.□非常出色　2.□普通　3.□毫不起眼　4.□其他

H. 您通常以哪些方式購書：(可複選)
　　1.□逛書店　2.□書展　3.□劃撥郵購　4.□團體訂購　5.□網路購書　6.□其他

I. 您希望我們出版哪類書籍：（可複選）
　　1.□旅遊　2.□流行文化　3.□生活休閒　4.□美容保養　5.□散文小品
　　6.□科學新知　7.□藝術音樂　8.□致富理財　9.□工商企管　10.□科幻推理
　　11.□史地類　12.□勵志傳記　13.□電影小說　14.□語言學習（_____語 ）
　　15.□幽默諧趣　16.□其他

J. 您對本書(系)的建議：

_____

K. 您對本出版社的建議：

_____

讀者小檔案

姓名：_____ 性別：□男 □女　生日：____年____月____日

年齡：□20歲以下 □21～30歲 □31～40歲 □41～50歲 □51歲以上

職業：1.□學生 2.□軍公教 3.□大眾傳播 4.□服務業 5.□金融業 6.□製造業
　　　7.□資訊業 8.□自由業 9.□家管 10.□退休 11.□其他

學歷：□國小或以下 □國中 □高中／高職 □大學／大專 □研究所以上

通訊地址：_____

電話：（H）_____ （O）_____ 傳真：_____

行動電話：_____ E-Mail：_____

◎謝謝您購買本書，也歡迎您加入我們的會員，請上大都會文化網站 www.metrobook.com.tw
登錄您的資料。您將不定期收到最新圖書優惠資訊和電子報。

從鄭和的大航海時代到東瀛崛起

北 區 郵 政 管 理 局
登記證北台字第9125號
免　貼　郵　票

大都會文化事業有限公司

讀 者 服 務 部　　　　收

11051台北市基隆路一段432號4樓之9

寄回這張服務卡〔免貼郵票〕
您可以：
◎不定期收到最新出版訊息
◎參加各項回饋優惠活動